U0344415

1949-2019

新中国气象事业70周年

风 雨 兼 程 七 十 载
陇 原 气 象 谱 新 篇

新中国气象事业 70周年·甘肃卷

甘肃省气象局

气象出版社
China Meteorological Press

图书在版编目（ＣＩＰ）数据

新中国气象事业70周年.甘肃卷 / 甘肃省气象局编
著. -- 北京：气象出版社, 2020.12
　ISBN 978-7-5029-7328-5

　Ⅰ.①新… Ⅱ.①甘… Ⅲ.①气象－工作－甘肃－画
册 Ⅳ.①P468.2

中国版本图书馆CIP数据核字(2020)第229756号

新中国气象事业70周年·甘肃卷
Xinzhongguo Qixiang Shiye Qishi Zhounian · Gansu Juan

甘肃省气象局　编著

出版发行: 气象出版社

地　　址: 北京市海淀区中关村南大街46号　　**邮政编码:** 100081

电　　话: 010-68407112（总编室）　　010-68408042（发行部）

网　　址: http://www.qxcbs.com　　**E－mail:** qxcbs@cma.gov.cn

策划编辑: 周　露

责任编辑: 张　斌　　　　　　　**终　　审:** 吴晓鹏

责任校对: 张硕杰　　　　　　　**责任技编:** 赵相宁

装帧设计: 新光洋（北京）文化传播有限公司

印　　刷: 北京地大彩印有限公司

开　　本: 889 mm×1194 mm 1/16　　**印　　张:** 11.25

字　　数: 288 千字

版　　次: 2020 年12 月第1版　　**印　　次:** 2020 年12 月第 1 次印刷

定　　价: 228.00 元

《新中国气象事业70周年·甘肃卷》编委会

主　　编：鲍文中
副主编：孙安平　陶健红　林　峰　李照荣　张　强
编　　委：杨　民　王全福　王宝鉴　白虎志　把多辉　杨启国　李宗龚
　　　　　薛生梁　王　强　袁志鹏

编写组

组　　长：陶健红
副组长：杨　民　徐志龙
成　　员：徐启运　史志娟　刘宏谊　燕　欣　潘继刚　刘新伟　王德民
　　　　　蔡元成　柳怡雪　林立一　郑　叙　朱　励　乔雅敏　王婷婷
　　　　　王小燕　倪永强　于仕琪　张　莉　田　雨　李秋明　赵　锟

总 序

　　1949 年 12 月 8 日是载入史册的重要日子。这一天，经中央批准，中央军委气象局正式成立，开启了新中国气象事业的伟大征程。

　　气象事业始终根植于党和国家发展大局，与国家发展同行共进、同频共振。伴随着国家发展的进程，气象事业从小到大、从弱到强、从落后到先进，走出了一条中国特色社会主义气象发展道路。新中国成立后，我们秉持人民利益至上这一根本宗旨，统筹做好国防和经济建设气象服务。在国家改革开放的大潮中，我们全面加速气象现代化建设，在促进国家经济社会发展和保障改善民生中实现气象事业的跨越式发展。党的十八大以来，我们坚持以习近平新时代中国特色社会主义思想为指导，坚持在贯彻落实党中央决策部署和服务保障国家重大战略中发展气象事业，开启了现代化气象强国建设的新征程。70 年气象事业的生动实践深刻诠释了国运昌则事业兴、事业兴则国家强。

　　气象事业始终在党中央、国务院的坚强领导和亲切关怀下，与伟大梦想同心同向、逐梦同行。党和国家始终把气象事业作为基础性公益性社会事业，纳入经济社会发展全局统筹部署、同步推进。毛泽东主席关于气象部门要把天气常常告诉老百姓的指示，成为气象工作贯穿始终的根本宗旨。邓小平同志强调气象工作对工农业生产很重要，江泽民同志指出气象现代化是国家现代化的重要标志，胡锦涛同志要求提高气象预测预报、防灾减灾、应对气候变化和开发利用气候资源能力，都为气象事业发展指明了方向，鼓舞着我们奋勇前行。习近平总书记特别指出，气象工作关系生命安全、生产发展、生活富裕、生态良好，要求气象工作者推动气象事业高质量发展，提高气象服务保障能力，为我们以更高的政治站位、更宽的国际视野、更强的使命担当实现更大发展，提供了根本遵循。

　　在党中央、国务院的坚强领导下，一代代气象人接续奋斗、奋力拼搏，气象事业发生了根本性变化，取得了举世瞩目的成就。

　　70 年来，我们紧紧围绕国家发展和人民需求，坚持趋利避害并举，建成了世界上保障领域最广、机制最健全、效益最突出的气象服务体系。

　　面向防灾减灾救灾，我们努力做到了重大灾害性天气不漏报，成功应对了超强台风、特大洪水、低温雨雪冰冻、严重干旱等重大气象灾害，为各级党委政府防灾减灾部署和人民群众避灾赢得了先机。我们建成了多部门共享共用的国家突发事件预警信息发布系统，努力做到重点灾害预警不留盲区，预警信息可在 10 分钟内覆盖 86% 的老百姓，有效解决了"最后一公里"问题，充分发挥了气象防灾减灾第一道防线作用。

面向生态文明建设，我们构建了覆盖多领域的生态文明气象保障服务体系，打造了人工影响天气、气候资源开发利用、气候可行性论证、气候标志认证、卫星遥感应用、大气污染防治保障等服务品牌，开展了三江源、祁连山等重点生态功能区空中云水资源开发利用，完成了国家和区域气候变化评估，组织了四次全国风能资源普查，探索建设了国家气象公园，建立了世界上规模最大的现代化人工影响天气作业体系，人工增雨（雪）覆盖 500 万平方公里，防雹保护达 50 多万平方公里，有力推动了生态修复、环境改善，气象已经成为美丽中国的参与者、守护者、贡献者。

面向经济社会发展，我们主动服务和融入乡村振兴、"一带一路"、军民融合、区域协调发展等国家重大战略，主动服务和融入现代化经济体系建设，大力加强了农业、海洋、交通、自然资源、旅游、能源、健康、金融、保险等领域气象服务，成功保障了新中国成立 70 周年、北京奥运会等重大活动和南水北调、载人航天等重大工程，积极引导了社会资本和社会力量参与气象服务，服务领域已经拓展到上百个行业、覆盖到亿万用户，投入产出比达到 1∶50，气象服务的经济社会效益显著提升。

面向人民美好生活，我们围绕人民群众衣食住行健康等多元化服务需求，创新气象服务业态和模式，大力发展智慧气象服务，打造"中国天气"服务品牌，气象服务的及时性、准确性大幅提高。气象影视服务覆盖人群超过 10 亿，"两微一端"气象新媒体服务覆盖人群超 6.9 亿，中国天气网日浏览量突破 1 亿人次，全国气象科普教育基地超过 350 家，气象服务公众覆盖率突破 90%，公众满意度保持在 85 分以上，人民群众对气象服务的获得感显著增强。

70 年来，我们始终坚持气象现代化建设不动摇，建成了世界上规模最大、覆盖最全的综合气象观测系统和先进的气象信息系统，建成了无缝隙智能化的气象预报预测系统。

综合气象观测系统达到世界先进水平。气象观测系统从以地面人工观测为主发展到"天—地—空"一体化自动化综合观测。现有地面气象观测站 7 万多个，全国乡镇覆盖率达到 99.6%，数据传输时效从 1 小时提升到 1 分钟。建成了 216 部雷达组成的新一代天气雷达网，数据传输时效从 8 分钟提升到 50 秒。成功发射了 17 颗风云系列气象卫星，7 颗在轨运行，为全球 100 多个国家和地区、国内 2500 多个用户提供服务，风云二号 H 星成为气象服务"一带一路"的主力卫星。建立了生态、环境、农业、海洋、交通、旅游等专业气象监测网，形成了全球最大的综合气象观测网。

气象信息化水平显著增强。物联网、大数据、人工智能等新技术得到深入应用，形成了"云＋端"的气象信息技术新架构。建成了高速气象网络、海量气象数据库和国产超级计算机系统，每日新增的气象数据量是新中国成立初期的 100 多万倍。新建设的"天镜"系统实现了全业务、全流程、全要素的综合监控。气象数据率先向国内外全面开放共享，中国气象数据网累计用户突破 30 万，海外注册用户遍布 70 多个国家，累计访问量超过 5.1 亿人次。

气象预报业务能力大幅提升。从手工绘制天气图发展到自主创新数值天气预报，从站点预报发展到精细化智能网格预报，从传统单一天气预报发展到面向多领域的影响预报和风险预警，气象预报预测的准确率、提前量、精细化和智能化水平显著提高。全国暴雨预警准确率达到 88%，强对流预警时间提前至 38 分钟，可提前 3 ~ 4 天对台风路径做出较为准确的预报，达到世界先进水平。2017 年中国气象局成为世界气象中心，标志着我国气象现代化整体水平迈入世界先进行列！

70 年来，我们紧跟国家科技发展步伐和世界气象科技发展趋势，大力加强气象科技创新和人才队伍建设，我国气象科技创新由以跟踪为主转向跟跑并跑并存的新阶段。

建立了较为完善的国家气象科技创新体系。我们不断优化气象科技创新功能布局，形成了气象部门科研机构、各级业务单位和国家科研院所、高等院校、军队等跨行业科研力量构成的气象科技创新体系。强化气象科技与业务服务深度融合，大力发展研究型业务。加快核心关键技术攻关，雷达、卫星、数值预报等技术取得重大突破，有力支撑了气象现代化发展。坚持气象科技创新和体制机制创新"双轮驱动"，形成了更具活力的气象科技管理制度和创新环境。气象科技成果获国家自然科学奖 26 项，获国家科技进步奖 67 项。

科技人才队伍建设取得丰硕成果。我们大力实施人才优先战略，加强科技创新团队建设。全国气象领域两院院士 35 人，气象部门入选"千人计划""万人计划"等国家人才工程 25 人。气象科学家叶笃正、秦大河、曾庆存先后获得国际气象领域最高奖，叶笃正获国家最高科学技术奖。一系列科技创新成果和一大批科技人才有力支撑了气象现代化建设。

70 年来，我们坚持并完善气象体制机制、不断深化改革开放和管理创新，气象事业从封闭走向开放、从传统走向现代、从部门走向社会、从国内走向全球。

领导管理体制不断巩固完善。坚持并不断完善双重领导、以部门为主的领导管理体制和双重计划财务体制，遵循了气象科学发展的内在规律，实现了气象现代化全国统一规划、统一布局、统一建设、统一管理，形成了中央和地方共同推进气象事业发展、共同建设气象现代化的格局，满足了国家和地方经济社会发展对气象服务的多样化需求。

各项改革不断深化。坚持发展与改革有机结合，协同推进"放管服"改革和气象行政审批制度改革，全面完成国务院防雷减灾体制改革任务，深入推进气象服务体制、业务科技体制、管理体制等改革，初步建立了与国家治理体系和治理能力现代化相适应的业务管理体系和制度体系，为气象事业高质量发展注入强大动力。

开放合作力度不断加大。与近百家单位开展务实合作，形成了省部合作、部门合作、局校合作、局企合作的全方位、宽领域、深层次国内开放合作格局。先后与160多个国家和地区开展了气象科技合作交流，深度参与"一带一路"建设，为广大发展中国家提供气象科技援助，100多位中国专家在世界气象组织、政府间气候变化专门委员会等国际组织中任职，气象全球影响力和话语权显著提升，我国已成为世界气象事业的深度参与者、积极贡献者，为全球应对气候变化和自然灾害防御不断贡献中国智慧和中国方案。

气象法治体系不断健全。建立了《气象法》为龙头，行政法规、部门规章、地方法规组成的气象法律法规制度体系，形成了由国家、地方、行业和团体等各类标准组成的气象标准体系，气象事业进入法治化发展轨道。

70年来，我们始终坚持党对气象事业的全面领导，以政治建设为统领，全面加强党的建设，在拼搏奉献中践行初心使命，为气象事业高质量发展提供坚强保证。

70年来，气象事业发展历程中人才辈出、精神璀璨，有夙夜为公、舍我其谁的开创者和领导者，有精益求精、勇攀高峰的科学家，有奋楫争先、勇挑重担的先进模范，有甘于清苦、默默奉献的广大基层职工。一代代气象人以服务国家、服务人民的深厚情怀，谱写了气象事业跨越式发展的壮丽篇章；一代代气象人推动着气象事业的长河奔腾向前，唱响了砥砺奋进的动人赞歌；一代代气象人凝练出"准确、及时、创新、奉献"的气象精神，激发起干事创业的担当魄力！

70年的发展实践，我们深刻地认识到，**坚持党的全面领导是气象事业的根本保证**。70年来，在党的领导下，气象事业紧贴国家、时代和人民的要求，实现健康持续发展。我们坚持以习近平新时代中国特色社会主义思想为指导，增强"四个意识"，坚定"四个自信"，做到"两个维护"，把党的领导贯穿和体现到气象事业改革发展各方面各环节，确保气象改革发展和现代化建设始终沿着正确的方向前行。**坚持以人民为中心的发展思想是气象事业的根本宗旨**。70年来，我们把满足人民生产生活需求作为根本任务，把保护人民生命财产安全放在首位，把老百姓的安危冷暖记在心上，把为人民服务的宗旨落实到积极推进气象服务供给侧结构性改革等各方面工作，促进气象在公共服务领域不断做出新的贡献。**坚持气象现代化建设不动摇是气象事业的兴业之路**。70年来，我们坚定不移加强和推进气象现代化建设，以现代化引领和推动气象事业发展。我们按照新时代中国特色社会主义事业的战略安排，谋划推进现代化气象强国建设，确保气象现代化同党和国家的发展要求相适应、同气象事业发展目标相契合。**坚持科技创新驱动和人才优先发展是气象事业的根本动力。**70 年来，我们大力实施科技创新战略，着力建设高素质专业化干部人才队伍，集中攻关制约气象事业发展的核心关键技术难题，促进了气象科技实力和业务水平的不断提升。**坚持深化改革扩大开放是气象事业的活力源泉。**70 年来，我们紧跟国家步伐，全面深化气象改革开放，认识不断深化、力度不断加大、领域不断拓展、成效不断显现，推动气象事业在不断深化改革中披荆斩棘、破浪前行。

铭记历史，继往开来。《新中国气象事业 70 周年》系列画册选录了 70 年来全国各级气象部门最具有历史意义的图片，生动全面地记录了气象事业的发展足迹和突出贡献。通过系列画册，面向社会充分展示了气象事业 70 年来的生动实践、显著成就和宝贵经验；展现了气象事业对中国社会经济发展、人民福祉安康提供的强有力保障、支撑；树立了"气象为民"形象，扩大中国气象的认知度、影响力和公信力；同时积累和典藏气象历史、弘扬气象人精神，能够推动气象文化建设，凝聚共识，汇聚推进气象事业改革发展力量。

在新的长征路上，气象工作责任更加重大、使命更加光荣，我们将以习近平新时代中国特色社会主义思想为指导，不忘初心、牢记使命，发扬优良传统，加快科技创新，做到监测精密、预报精准、服务精细，推动气象事业高质量发展，提高气象服务保障能力，发挥气象防灾减灾第一道防线作用，以永不懈怠的精神状态和一往无前的奋斗姿态，为决胜全面建成小康社会、建设社会主义现代化国家做出新的更大贡献！

中国气象局党组书记、局长：刘雅鸣

2019 年 12 月

前 言

　　甘肃省地处青藏高原、黄土高原和蒙古高原大地形的交汇区，也处于我国大陆的地理中心地带。受西风带和高原气候影响，复杂多变的地形地貌使甘肃成为典型气候变化敏感区、生态环境脆弱区，拥有干旱、半干旱、湿润和半湿润等多种气候类型。气候变化导致甘肃极端气候事件和气象灾害频发多发，对经济社会发展影响巨大，已引起社会各界普遍关注和高度重视。长期以来，甘肃气象人把气象防灾减灾、促进人与自然和谐、服务地方经济社会与资源环境的协调发展，作为工作动力与奋斗目标。通过一代又一代气象人的不懈努力，气象事业的发展从小到大，从弱到强，从落后到先进，走过了一段又一段艰辛的历程，谱写出了一页页绚丽的篇章。

　　甘肃最早的气象工作机构可以追溯到 20 世纪 30 年代，经甘肃省"临时维持委员会"批准，在省会兰州成立甘肃省立气象测候所。新中国成立后，甘肃气象工作开始进入一个崭新的时期。1950 年 12 月，在兰州成立中国人民解放军西北军区司令部气象处，负责管理西北各省气象台站，这是西北气象事业的行政、业务管理机构。1953 年 8 月，气象部门由军队转为地方建制。1958 年 3 月，各级气象台站归属各级政府领导；省气象局与地、县气象部门为业务指导关系，实行双重领导、以地方为主的管理体制。1962 年 10 月，由气象部门统一管理。1970 年，实行军事部门与地方政府双重领导、以军队为主的管理体制。1973 年，经中央军委和国务院批准，气象部门仍归同级政府建制领导，实行双重领导、以地方为主的管理体制。1978 年，经甘肃省委批准，实行双重领导、以气象部门为主的管理体制。1980 年 5 月，国务院批准全国气象部门实行部门与地方双重领导、以气象部门领导为主的管理体制，一直延续至今。1993 年 9 月，成立兰州区域气象中心。

新中国成立 70 年来，在中国气象局和甘肃省委、省政府的正确领导下，甘肃省气象部门深入贯彻党的路线和方针政策，坚持解放思想、改革开放，始终把气象为经济社会发展和人民生活服务放在首位，始终坚持气象现代化建设不动摇，建成了完善的现代化气象综合探测体系，形成了地基、空基和天基相结合，门类齐全、布局合理的气象现代化的气象综合探测系统，综合探测能力大大提高，探测领域进一步拓宽；建立了以数值模式预报为支撑的无缝隙、全覆盖、精细化的气象预报预测系统，建立了高时空分辨率智能网格预报和突发性天气监测预警业务，建立了延伸期确定性及概率网格预测业务，完善了精细化到月、季、年的定量化预测业务；建立了面向全社会、多领域的气象服务体系，服务手段不断加强，服务领域逐步拓宽，服务的总体效益显著提高；建成了功能强大、传输高速的气象信息网络系统，通过相关重点工程建设，计算机应用从主机和终端方式走向网络方式，实现了传输系统网络化，大大提高了气象信息的综合传输能力；建成了较为完善的气象科技创新体系；培养造就了一支高素质的气象人才队伍，气象管理工作不断创新，气象文化建设取得丰硕成果，甘肃气象事业奋勇前行，不断发展，取得了辉煌成就。

甘肃省气象局党组书记、局长：鲍文中

目 录

党和政府领导亲切关怀篇

　　70年来，我国气象事业得到了几代党和国家领导集体的高度重视、亲切关怀和大力支持。特别是2007年大年初一，胡锦涛总书记亲临甘肃省气象局，看望坚守在工作岗位的气象工作者，为全省气象工作者带来党的亲切关怀和巨大鼓舞。70年来，保障经济社会发展和人民安全福祉对气象服务的需求达到了前所未有的高度，气象工作在党和国家发展大局中的作用和地位达到了前所未有的程度，甘肃气象事业发展的环境和发展速度达到了前所未有的高度。

党和国家领导

1. 2007年2月18日农历大年初一，时任中共中央总书记胡锦涛来到甘肃省气象局，看望慰问气象业务服务一线干部职工。胡锦涛总书记指出，气象工作非常重要，对于提高防灾抗灾能力、维护人民生命财产安全具有十分重要的意义。甘肃气象工作有较好的基础，要从长远考虑，不断解决可持续发展的有关问题。气候变化是国际上的热点问题，你们要做好研究工作，为经济社会可持续发展提供保障。

2. 2014年1月8日，习近平、李克强、刘云山、张高丽等党和国家领导人会见国家科学技术进步奖获奖代表，甘肃省气象局张强研究员获得国家科学技术进步奖二等奖，受到接见。

省委、省政府领导

1993 年 5 月 3 日，甘肃省副省长路明（中）到省气象局检查指导工作

1993 年 8 月 7 日，甘肃省省长阎海旺（左 4）与中国气象局副局长颜宏（左 2）视察兰州区域气象中心

1993 年 9 月 7 日，甘肃省委书记顾金池（前左）与中国气象局局长邹竞蒙（前右）共同为兰州区域气象中心揭牌

1995年5月19日，甘肃省省长张吾乐（右2）率有关部门领导到省气象局了解天气情况

1996年7月18日，甘肃省副省长贠小苏（右1）慰问飞机人工增雨作业机组人员

1998年1月28日，甘肃省委书记阎海旺（前排左3），省人大常委会主任卢克俭（前排左2），省委副书记、省长陆浩（前排左1）和省委副书记仲兆隆（前排右1）到省气象局慰问

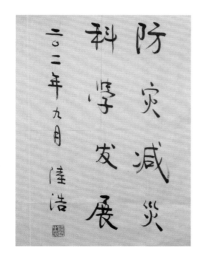

2011 年 9 月，甘肃省委书记陆浩为甘肃气象灾害影视发布系统开播题词

2011 年 10 月 31 日，甘肃省常务副省长刘永富出席甘肃气象灾害影视发布系统开播仪式并致辞

2013 年 3 月 13 日，甘肃省副省长李荣灿（右）在兰州会见中国气象局副局长许小峰（左），共商西北区域人工影响天气中心建设

2013 年 8 月 10 日，甘肃省副省长冉万祥（左 5）到陇南市气象局检查指导陇南自然灾害监测预警指挥系统

2014年5月29日，甘肃省省长刘伟平（右4）到定西市岷县气象局调研指导基层气象防灾减灾工作

2015年4月9日，甘肃省副省长王玺玉（左3）到省气象局检查指导气象服务工作，要求气象部门围绕全省工作大局，加快推进气象现代化建设，努力为全省经济社会发展提供优质气象服务

2017年6月27日，甘肃省委书记林铎（前排左2）到省气象局调研指导气象防灾减灾工作。林铎指出，甘肃经济社会发展对气象工作的依赖性很强，气象工作在防灾减灾、人工影响天气、精准扶贫、生态文明建设保障等方面发挥着重要作用，要求各级政府和部门重视气象工作。林铎对甘肃气象工作给予充分肯定，表示省委、省政府会继续关心和支持气象工作，推动甘肃气象事业取得更大发展

2018 年 5 月 23 日，甘肃省省长唐仁健（左 3）到岷县气象局检查指导"5·16"雹洪灾害气象防灾减灾工作

2018 年 7 月 7 日，甘肃省委书记林铎（左 1）到榆中县气象局调研指导气象防灾减灾工作，参观榆中国家基准气候站，对基层气象工作给予高度肯定

2018 年 7 月 15 日，甘肃省省长唐仁健（前排中）到省气象局调研指导气象防灾减灾工作。唐仁健对甘肃气象部门的工作给予充分肯定，强调要更好发挥气象服务作用，最大限度提高预报准确度，最大限度提早发布预警信息，为防汛减灾工作打出提前量

2019 年 2 月 1 日，甘肃省副省长李沛兴（左 3）到省气象局慰问一线业务人员，向全省气象工作者致以新春祝福

中国气象局领导

1993年6月9日，中国气象局局长邹竞蒙（右4）检查指导兰州区域气象中心工作

1993年9月7日，中国气象局副局长章基嘉（左2）、骆继宾（左3）、颜宏（左1）与甘肃省人大常委会主任卢克俭商讨甘肃气象工作

1993 年 9 月 8 日，中国气象局局长邹竞蒙（右 5）与全国六大区域气象中心代表合影

1999 年 12 月 11 日，中国气象局副局长颜宏（中）到甘南藏族自治州合作气象站慰问并与干部职工合影

2000年4月16日，中国气象局局长温克刚（左）与甘肃省省长宋照肃（右）会谈

2002年8月26日，中国气象局局长秦大河（左2）视察兰州皋兰山天气雷达站机房

2003年9月18日，中国气象局局长秦大河（前排中）为兰州气象科技园落成典礼剪彩

2005 年 9 月 8 日，中国气象局副局长宇如聪（中）检查指导甘肃省气象局工作

2007 年 2 月 11 日，中国气象局副局长张文建（中）慰问武威市乌鞘岭气象站干部职工

2008 年 6 月 11 日，中国气象局副局长王守荣（左 2）到天水市气象局检查指导抗震救灾、灾后重建和气象服务工作

2010年6月22日，中央纪委驻中国气象局纪检组组长刘实（左）检查指导甘肃省气象局党风廉政建设工作

2014年4月24日，中国气象局副局长沈晓农（前左1）检查指导甘肃汛期气象服务工作，对甘肃推进气象现代化建设、气象为农服务及汛期气象服务工作给予充分肯定

2014年6月6日，中国气象局局长郑国光（左1）出席甘肃省气象局干部大会，检查指导汛期气象服务工作

2015 年 2 月 5 日，中国气象局副局长沈晓农（左 1）调研甘肃气象工作并慰问基层干部职工

2017 年 9 月 20 日，中国气象局副局长矫梅燕（前排中）调研指导甘肃气象服务工作，指出：甘肃省气象局党组注重抓班子、带队伍、谋发展，思路清晰，工作举措部署重点突出，取得了很多可圈可点的工作成绩

2018 年 2 月 6 日，中国气象局副局长于新文（左 2）到武威荒漠生态与农业气象试验站看望慰问奋战在艰苦台站的基层气象干部职工，向他们表示亲切的问候和新春祝福

2018年2月7日，中国气象局副局长于新文（右）在中国气象局兰州干旱气象研究所检查指导工作，要求努力提升干旱气象研究的地位和作用，进一步提升数值预报水平，为生态文明建设和保护做好科技支撑

2018年8月9日，中国气象局副局长余勇（右2）调研指导甘肃气象工作，要求甘肃省气象部门以习近平新时代中国特色社会主义思想为指导，深入贯彻落实党的十九大精神和中国气象局及省委、省政府的决策部署，再创甘肃气象事业新辉煌

2018年8月9日，中国气象局副局长余勇（左1）调研临夏回族自治州东乡县气象局

2018 年 10 月 25 日，中国气象局党组书记、局长刘雅鸣（左 3）调研指导甘肃人工影响天气工作

2018 年 10 月 26 日，中国气象局局长刘雅鸣（右 3）到武威市乌鞘岭气象站调研指导工作，看望慰问基层干部职工

2019 年 9 月 18 日，中国气象局副局长矫梅燕（左 5）到武威市民勤县调研指导生态气象服务工作

公共气象服务效益显著篇

新中国成立初期，气象服务主要面向军事活动，随着国家开始大规模的经济建设，逐步形成了以农业气象服务为重点，面向政府决策、行业保障、公众生活的公益气象服务业务。20世纪80年代后，随着气象科技的发展和气象监测预报能力的提升，在加强公益服务的同时，逐步开展专业气象服务。2008年，第五次全国气象服务工作会议提出公共气象服务包括决策、公众、专业专项气象服务及气象灾害防御管理。随着科学、信息技术的发展，智慧气象已经涉及经济社会发展、行业保障、公众生活的方方面面，基于位置的网格化精细化现代预报预警服务业务初步建立，气象服务信息的内容、形式、传播渠道向多元化、个性化发展，社会、经济效益更加显著。

气象防灾减灾效果明显

▶ 气象防灾减灾机制逐步完善

2008年，第五次全国气象服务工作会议提出加强气象服务及气象灾害防御能力建设。通过将气象防灾减灾工作纳入各级政府绩效考核，建立多部门气象灾害预警响应制度，推进基层气象灾害防御组织及预警发布中心建设，"党委领导、政府主导、部门联动、社会参与"的气象防灾减灾机制逐步完善。

2008年起，甘肃省人民政府每年主持召开全省气象防灾减灾暨人工影响天气工作会议，安排部署年度气象防灾减灾工作。2012年甘肃省人民政府批准成立甘肃省气象灾害防御指挥部，共建成1个省级、14个市（州）级、72个县级气象灾害防御指挥部

2010年起，甘肃省气象局每年与26个省级部门召开气象灾害预警服务联络员会议

嘉峪关市镜铁区紫轩社区"气象灾害防御示范社区"挂牌，全省共建成乡镇气象工作站1228个，覆盖全省100%的乡镇

2016年12月，甘肃省人民政府批准成立甘肃省预警信息发布中心，挂靠甘肃省气象局，19个部门接入省级突发事件预警信息发布系统，14个市（州）全部成立预警信息发布中心

▶ 基层气象防灾减灾标准化建设稳步推进

依托气象事业发展规划重点项目、中央财政山洪保障工程、"三农"项目等重大工程项目支持，积极推进基层气象灾害防御能力建设，气象灾害预警为先导的应急体系在公众灾害防御、政府应急指挥中发挥越来越大的作用。2019 年在全省范围开展以"一本账、一张图、一张网、一把尺、一平台、一队伍"为主要内容的基层气象防灾减灾标准化建设，气象防灾减灾更加标准、规范、高效。

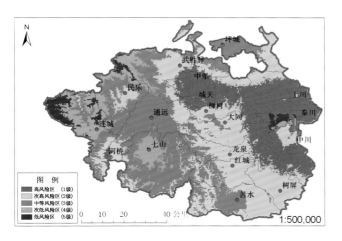

永登县干旱风险区划图。甘肃省气象部门制定了分灾种的风险区划图，政府出台省、市、县级气象灾害防御规划

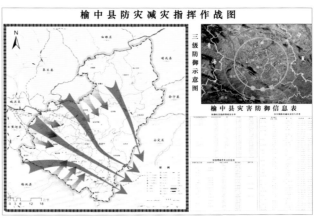

县（区）级防灾减灾指挥作战图

2018 年 1 月，甘肃省突发事件预警信息发布系统正式投入业务运行，形成国家到乡镇的突发事件预警信息发布网络

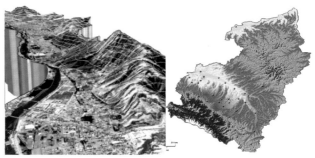

县（区）防灾减灾指挥作战图实现 3D 演示和典型灾害个例机理推演。2009 年起共发展村级气象信息员 18036 人，覆盖全省 100% 的行政村。制定基层气象防灾减灾服务规范及气象灾害叫应制度

▶ 人工影响天气业务得到长足发展

　　1958 年，甘肃省进行了人工增雨综合性考察和试验，是我国最早开展人工影响天气工作的省份之一。之后，陆续开展了防雹试验基地、防雹队伍建设。1973 年至 1981 年，开展小规模人工影响天气作业。自 1991 年，甘肃省人工影响天气工作得到快速发展，飞机人工增雨工作扩展到张掖以东的所有地区，作业时间增加到每年 8 个月，全省地面人工影响天气扩展到 14 个市（州）的 70 多个县（区）。近几年，依托中央、地方重大项目支持，推进具有甘肃特色的科学、高效、安全的新型人工影响天气业务体系建设。

2017 年 9 月 20 日，中国气象局副局长矫梅燕（前左）与甘肃省人民政府副秘书长郭春旺（前右）共同为西北区域人工影响天气中心揭牌

甘肃静宁、华亭曾使用的民间防雹土炮

20 世纪 70 年代使用单管 37 毫米高炮人工防雹；90 年代双管 37 毫米高炮投入人工增雨防雹作业；2015 年起通过自动化改造，增加远程遥控功能，极大提高了高炮作业的安全性和稳定性

1991 年开展常规飞机人工增雨（雪）作业，年均作业 30 架次，增加降水约 10 亿立方米

地面火箭增雨（雪）作业

图例

· 现有火箭作业点

· 现有高炮作业点

地面增雨（雪）焰条播撒系统

人工增雨手段和技术进一步发展，实现了空、地立体作业

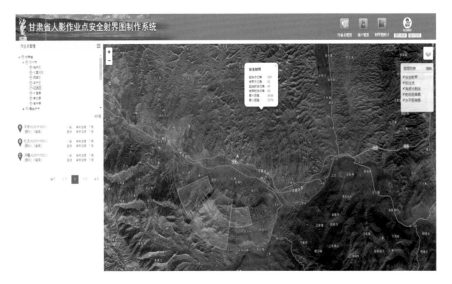

2017 年，开发甘肃省人工影响天气作业点安全射界图制作系统，完成全省所有地面作业点基于高分辨率底图的人工影响天气安全射界图制作

▶ 重大气象灾害
保障有力

强化气象灾害监测预警，有效发挥气象预报预警"消息树"和"发令枪"作用，为各级政府部门组织灾害防御、应急响应、抢险救灾提供科学依据，得到各级政府部门的好评。

2010 年 8 月 7 日 22 时左右，甘南藏族自治州舟曲县城东北部山区突降特大暴雨，降雨量达 97 毫米，持续 40 多分钟，引发三眼峪、罗家峪等四条沟系特大山洪地质灾害，泥石流长约 5 千米，平均宽度 300 米，平均厚度 5 米，总体积 750 万立方米，流经区域被夷为平地

2010 年 8 月 10 日，中国气象局局长郑国光（中）与甘南州气象局局长陈昌平（左 2）在舟曲特大山洪泥石流灾害现场查看灾情

重大气象信息专报

2012年（甘气第8期）

甘肃省气象局　　　　　　　　　　　　　　　2012年5月8日
签发：陶健红

10～12日我省陇东南局地有大到暴雨
注意防范中小河流洪水和山洪地质灾害

10～12日，我省将有一次明显的降水天气过程，其中定西、陇南、天水、平凉、庆阳等市地方有中雨，局部地方有大到暴雨；省内其余地方有小到中雨，局部地方有大雨；河西五市有5～6级西北风，局部地方有沙尘，12日清晨，酒泉、张掖两市局部地方有霜冻；伴随降水过程，全省大部气温下降5～7度。此次降水过程量级较大，将有力缓解我省旱情，但要加强防范强降水可能引发的中小河流洪水和山洪地质灾害；河西做好大风沙尘及霜冻的预防工作。

一、天气预报

10～12日，河西五市多云转阴有小雨或阵雨，有5～6级西北风，局部地方有沙尘；定西、陇南、天水、平凉、庆阳等市有中雨，局部地方有大到暴雨；省内其余地方阴有小到中雨，局部地方有大雨；伴随降水过程，全省大部气温下降5～7度。

12日清晨，酒泉、张掖两市局部地方有霜冻。

针对 2012 年 5 月 10 日强降雨过程，甘肃省气象局提前 48 小时制作发布了重大气象信息专报

2012 年 5 月 10 日，定西市岷县发生特大雹洪灾害，及时的气象预警有效避免了大面积人员伤亡。由国家 9 部委组成的国务院甘肃岷县"5·10"特大冰雹山洪泥石流灾害抢险救灾工作组组长孙绍骋指出：通过实地查看和走访受灾群众，普遍感觉气象部门提前发布预警预报信息，信息员及时传播预警信息并组织群众转移，有效避免了成片人员伤亡，最大程度降低了损失

配图：包永平（前）和村民在清理河道。本报记者 王雨

洪水面前他撑起生命之天——记岷县禾驮乡哈地哈村农民灾害信息员包永平

本报记者 王雨

有一种精神总是在危难时刻闪耀光芒，有一种情怀总是在生死关口叩动心灵。他临危不惧，挺身而出，在群众危急关头用无畏的精神捍卫自己的岗位职责，他义无反顾，惜以提手，在群众危难时刻，送去真情温暖。包永平，一位普普通通的农民，一位没有任何报酬的灾害信息员，在大灾面前，用自己的忠诚品质，提升了生命的高度，用自己的崇高精神，谱写出人性的光辉。

鸣锣预警，他拯救了全村生命

这是一个让岷县人民永远不能忘记的日子。5月10日上午，惠风和畅，蔚蓝的天空白云飘飞。但

2012 年 5 月 10 日，岷县禾驮乡哈地哈村气象信息员包永平在收到气象预警信息后及时敲响铜锣组织全村群众转移。5 月 22 日，甘肃日报以"洪水面前他撑起生命之天"为题报道了包永平的事迹

2016 年 3 月 2 日，甘南州迭部县腊子口、达拉林场发生森林火灾，3 月 15 日彻底扑灭，腊子口过火面积 45 公顷，达拉过火面积 220 公顷。省、州、县气象部门协调联动，以精准的预报和高效优质的人工增雨服务为林火扑救做出了应有贡献。国家林业局森林防火指挥部副总指挥杜永胜指出，气象部门专业技术力量强，预报准确，服务材料针对性强，为灭火工作争取了宝贵时间

甘肃省气象信息专报
2018 年第 102 期
专题天气预报（40）

2018 年 7 月 17 日，甘肃省气象局提前发布重大气象信息专报

甘肃省气象局局长鲍文中（右1）在迭部县气象局指挥火灾扑救现场气象保障服务

2018 年 7 月 18 日，临夏州东乡族自治县等地遭受严重暴雨、山洪灾害

▶ 气象防灾减灾效果进一步凸显

随着预报预警精细化水平、提前量逐步提高，气象灾害预警为先导的应急体系在公众灾害防御、政府应急指挥中发挥越来越大的作用。

	项目	20100808（舟曲）	20160824（武山）	20180718（东乡）	20180810（康乐）
降水实况	小时雨量	77.3mm	79.1mm	82.8mm	99.4mm
	累计雨量	96.3mm	158.7mm	166.4mm	136.8mm
监测能力	区域站时空分辨率	1h/50km	10min/15km	5min/15km	5min/15km
	卫星时空分辨率	30min/1.25km	10min/0.5km	FY4、葵花等	FY4、葵花等
服务能力	专题预报	未发布	提前48h	提前36h	提前48h
	短期预报	提前24h/阵雨	提前24h/局地暴雨	提前24h/局地大到暴雨	提前24h/局地暴雨
	预警信号提前量	提前3h	提前4.5h	提前4h	提前2h
	灾害性天气预警			强对流蓝色预警/提前10h	强对流蓝色预警/提前6h
	预警信号	雷电预警	暴雨蓝色/红色预警 地质灾害橙色/红色预警	雷电预警/暴雨黄色预警/暴雨红色预警；地质灾害黄色/橙色/红色预警	暴雨黄色预警；地质灾害黄色/橙色/红色预警
	滚动服务		雨情实况短信	3-6小时加密雨情及短临预报微信·传真·邮件等	3-6小时加密雨情及短临预报微信·传真·邮件等
应急	应急响应	次日启动	实时启动	提前4h启动	提前2h启动
受灾		1508人,90亿	2人、0.3亿	16人、3.7亿	0人、0.01亿

相同强度的降水可提前 6 小时以上发布强对流预警，同时滚动开展加密雨情及短时临近预报服务，更高时空分辨率的卫星、自动站等资料得到应用

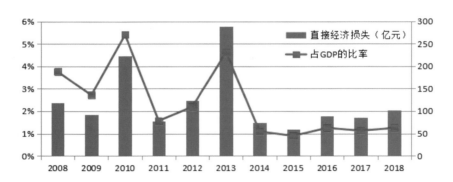

近 10 年甘肃省气象灾害对全省 GDP 的影响明显下降

2019 年 3 月 5 日，全国人大代表、甘肃省临夏州广河县气象信息员马天龙（左）接受媒体采访时说："天气预报越来越及时准确，成为小康路上的重要保障力量"

公众气象服务满意度高

成立甘肃省气象服务实体机构，不断发展更具针对性的服务产品和更加智慧的服务方式。2008 年 9 月 18 日，甘肃省公共气象服务中心挂牌，2012 年更名为甘肃省气象服务中心，通过报纸、电视、广播、网站、微博、微信等传统和新兴媒体，面向公众和行业用户，提供基于位置的分众化、精细化、智慧化的气象服务。全省气象服务公众满意度连续多年在 87 分以上，2019 年达到 91.7 分。

1956 年 6 月起在《甘肃日报》开辟天气预报专栏。1993年前，主要通过报纸、广播、电视发布公众气象服务信息

1995 年成立气象人工寻呼台，2011 年升级为自动答询的12121 语音信箱

1996 年 3 月，甘肃省气象影视中心挂牌成立，建成电视天气预报制作系统

1985 年 10 月 1 日，在甘肃电视台播放电视天气预报；1996 年 6 月 17 日，甘肃省气象局自制的"甘肃省主要城市天气预报"节目在甘肃有线电视台正式播出

1996 年 10 月，甘肃省气象影视中心荣获首届全国电视天气预报观摩评比一等奖

2010 年 1 月，气象影视发布平台建成，开始中国气象频道本地化节目制播

2018年1月1日，新建高清虚拟演播室投入使用

2000年创建"甘肃气象在线"网站

2011年5月13日，"甘肃气象"新浪微博正式对公众服务

2014年3月18日，开通"甘肃微气象"微信订阅号

2014年3月18日，开通"甘肃气象"微信服务号

2015 年 11 月 18 日，"甘肃预警"新浪微博正式上线

甘肃省道路结冰黄色预警信号

甘肃预警发布 2015-11-24

兰州中心气象台2015年11月24日08时31分发布甘肃省道路结冰黄色预警信号：

过去24小时，河西五市及定西市部分地方出现明显降雪天气，受其影响，预计未来24小时内，上述地方可能出现道路结冰，并对交通有一定的影响。

防御指南：

1.交通、公安等部门要按照职责做好道路结冰应对准备工作；

2.驾驶人员应当注意路况，安全行驶；

3.行人外出尽量少骑自行车，注意防滑。

2015 年 11 月 18 日，开通"甘肃预警发布"微信订阅号

2017 年 9 月，"甘肃省公共气象服务产品多渠道发布系统"投入业务运行，实现预报预警通过手机短信、12121 语音信箱、微博、微信、网站等多渠道一键式发布

2017 年，智能网格预报应用于公众气象服务，建成"甘肃微气象"手机客户端，开展基于位置的天气预报服务，内容涵盖 0 ~ 15 天预报、气象灾害预警、旅游、交通、空气质量、生活指数等

助力脱贫攻坚
乡村振兴

通过 70 年的努力，甘肃农业气象业务由常规的情报、预报和农用天气服务，发展到包括气候资源开发利用、气候品质评估认证、气候系列好产品以及精细化农业气候资源和农业气象灾害区划等服务，由粮、棉、油等种植业发展到以"牛、羊、菜、果、薯、药"六大特色产业为重点服务对象的现代丝路寒、旱农业气象服务。

特别是甘肃省农业气象业务服务系统和智慧农业气象服务平台建成后，服务渠道以网站、微信、手机 APP 等新媒体手段为主，"直通式"为农气象服务覆盖 80% 新型农业经营主体。

1987 年 6 月，农业气象科技工作者在张掖市调查春小麦灌浆期发育情况

1995 年，农业气象业务服务人员在进行冬小麦观测

20 世纪 90 年代，农业气象业务服务人员开展冬小麦产量分析

农业气象业务服务人员正在进行苹果品质测定

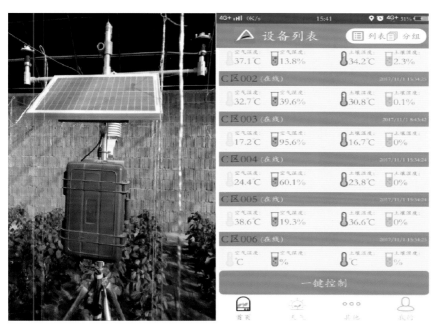

2013年以来，随着日光温室智能管理系统的诞生，实现了温室小气候要素自动化观测和远程智能化管理

在麦积区万亩优质花牛苹果特色农业气象服务示范基地建设的果林环境自动监测系统

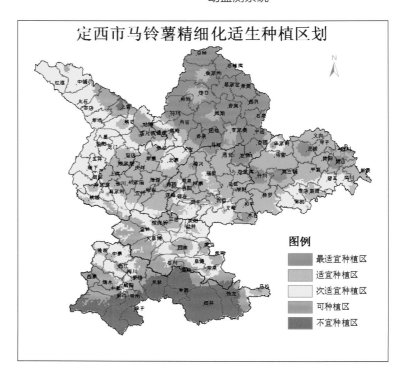

定西市气象局制作的马铃薯精细化适生种植区划

甘肃省气象局与企业联合研制果园防霜机，有效规避霜冻灾害，提高经济林果产出效益

永登县娃娃菜试验田。兰州市永登县气象局和县农业技术推广中心联合攻关，打破气候制约，探索出具有原创性的永登娃娃菜种植农业气象服务技术，实现助农增产增收

成立甘肃省"气象为农服务专家团"，定期召开气象为农服务专家团会议

2016年研发并投入使用的果树生长环境精细化监测服务系统

气象为农服务专家团联合开展马铃薯晚疫病调查，为马铃薯病害防治提供科学建议

气象为农服务专家到田间地头指导农户进行病虫害防治

气象为农服务专家深入贫困村，指导农民进行黑膜双垄全覆盖侧播马铃薯种植

2015年与中国人保财险甘肃省分公司签署合作协议，开展农业保险气象服务，强化"气象+保险"助推脱贫攻坚

智慧农业气象服务平台

"甘肃气象为农情报站"微信公众号

生态气象服务稳步推进

紧紧围绕石羊河流域生态环境重点治理和祁连山生态环境的保护与恢复，打造"综合监测、人工增雨、决策建言、科技创新"于一体的生态气象保障服务模式。形成了以气象综合观测网络和多源卫星遥感技术为主，无人机和武威荒漠生态站地面人工及自动观测为辅，多网点监测、多要素采集、特色鲜明的生态要素采集网络，开展甘肃祁连山地区包括大气、生物、土壤、水环境4大类共45项要素的生态气候环境监测评估服务业务，为政府生态文明建设决策提供气象科技支撑。

2005年两会期间，甘肃省委省政府有关领导带着气象部门提供的遥感卫星图汇报有关工作时，温家宝总理说道："石羊河流域要坚决治理好，决不能让民勤成为第二个罗布泊。"

2003年第1期《干旱生态环境监测预警》。定期发布干旱生态环境气象监测预警公报、生态质量气象评价、大气降尘酸雨年度评价、山区积雪及水域面积遥感监测公报等8种生态类气象服务产品

2010年（左）和2016年（右）武威市民勤县青土湖监测照片。甘肃生态气象服务保障工作助力祁连山和石羊河流域生态恢复成效显著

甘肃石羊河流域：

向天要水1.5亿方

干涸51年青土湖再现8.6平方公里水面

《 光明日报 》 （ 2011年10月18日 10 版）

本报兰州10月17日电（记者 宋喜群）甘肃省气象局副局长薛根元在今天上午召开的新闻发布会上宣布，甘肃省武威市民勤县蔡旗断面过水量已过2.6亿立方米，达到去年全年总量，年度水量下泄目标提前实现。随着下泄水量的增加，民勤盆地地下水位下降趋势逐步得到有效控制，干涸51年之久的青土湖形成了约8.6平方公里的水面，民勤县夹河乡封育区地下水位大面积回升，2008年关闭的96眼灌溉机井有7眼成自流涌泉，近10万亩芦苇蓬勃生长。

上个世纪以来，受全球气候变暖影响，甘肃省武威市干旱、高温、热浪等极端气候事件频繁发生，祁连山冰川退缩、雪线上升，石羊河上游来水量锐减。2007年12月7日，总投资47.49亿元的《石羊河流域重点治理规划》由国务院批准实施。

《光明日报》报道"甘肃石羊河流域：向天要水1.5亿方"。2005—2014 年，石羊河流域生态恢复面积占流域总面积26.24%，生态退化面积占流域总面积的4.97%，生态恢复的幅度大于退化的幅度

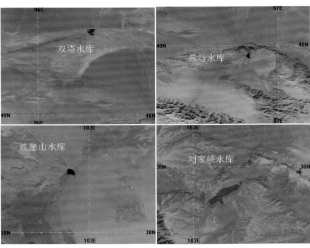

EOS/MODIS水体监测图　　2006年12月1日

内陆水体遥感监测图。实时、动态、长期监测分析全省森林（草地）火点、沙尘范围以及祁连山积雪、内陆河水体、植被等

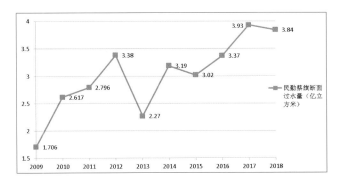

石羊河流域重点治理 ---- 民勤蔡旗断面过水量逐年增多。甘肃省人民政府将祁连山人工增雨（雪）体系工程列入"十二五"气象事业发展规划重点项目，推进生态修复型人工影响天气工程建设。祁连山人工增雨（雪）体系工程二期列入"十三五"气象事业发展规划重点项目

甘 肃 省 气 象 局 文 件

甘气发〔2018〕131 号

甘肃省气象局
关于印发甘肃省生态气象和
卫星遥感中心建设方案的通知

各市、州气象局，各直属单位：

　　根据中国气象局关于《卫星遥感综合应用体系建设指导意见》（气发〔2017〕42 号），为有效提升我省生态文明建设气象保障能力，切实提高卫星遥感综合应用效益，省局组织相关单位编写了我省省级和市、县级生态气象和卫星遥感中心建设方案，现印发给你们，请组织实施。

　　附件：1.甘肃省省级生态气象和卫星遥感中心建设方案

2018 年，甘肃省生态气象和卫星遥感中心成立，开展武威市级、肃南县级生态遥感业务试点，提高卫星遥感综合应用效益

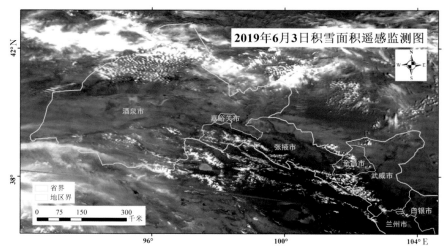

2019 年 6 月 3 日甘肃省积雪面积遥感监测图

武威荒漠生态与农业气象试验站荒漠区观测场

气象人员开展荒漠生态植被调查

行业气象服务
保障有力

甘肃早期专业预报以天气预报服务为主。20 世纪 90 年代后，广泛开展了专业、专项服务和各种技术服务。进入 21 世纪以来，领域拓展到工业、农业、商业、能源、水利、交通、环保、旅游等多行业，先后成立甘肃省航天气象中心、新能源气象服务中心等专业服务机构。专业气象服务产品 7 类 30 余种，精细化、专业化、个性化水平不断提升，为经济社会发展和人民群众生产生活服务的专业气象业务体系不断完善，服务能力不断提高。

20 世纪 80 年代初，预报员通过不同波段为不同专业用户播报天气预报

2010 年旅游行业气象服务效益评估专家座谈会。随后陆续开展了风电、交通、林业等多个行业气象服务效益评估

2015年在天水麦积山景区开展山岳型旅游气象服务系统建设，建设旅游气象站、旅游气象服务系统、开发麦积烟雨等景观气象预报

2004年12月27日，甘肃航天气象中心成立，中国气象局副局长许小峰（左）、酒泉卫星发射中心参谋长吴年生（中）、甘肃省副省长孙小系共同为甘肃航天气象中心揭牌

在麦积山景区建设气象观测站

在高速公路沿线布设交通气象监测站点

工作人员对光伏电站自动气象站传感器进行标定

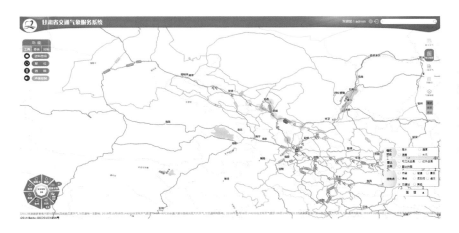

2018 年 7 月，甘肃省智能网格业务综合应用平台投入业务使用。智能网格预报全面应用于专业气象服务业务，开展分片区、精细化的预报服务，用户可通过登录服务系统直接浏览、查阅气象服务信息

2008 年北京奥运会珠峰火炬传递气象保障

2008 年北京奥运会珠峰火炬传递气象保障服务大本营

气象服务人员在酒泉卫星发射中心开展航天发射气象保障服务

2008年7月5日，北京奥运会敦煌火炬传递现场，移动气象台为火炬传递提供气象保障服务

自2011年起，甘肃气象部门每年为环青海湖自行车赛提供气象保障服务

自2011年起，甘肃气象部门每年为兰州国际马拉松提供气象保障服务

自2016年起，甘肃气象部门每年为敦煌国际丝绸之路文化博览会提供气象保障服务

决策气象服务
及时精准

2001 年成立甘肃省决策气象服务中心，2007 年建成甘肃省决策气象服务系统，逐步形成"小实体、大网络"的决策气象服务业务格局。不断提高决策气象服务产品品质，规范决策气象服务产品制作、发布流程，提升制作自动化水平，增强了灾情管理和风险评估的科技内涵。

2007 年起每年印发《甘肃省气象局决策气象服务方案》，编印重大决策服务材料汇编，内容包括重大气象灾害预测分析、生态环境监测分析评估、气候资源利用、农业气象保障乡村振兴、气候可行性论证、政府提案等多个方面

甘肃地震灾区岷县和漳县7月和8月气候背景及暴雨灾害分析	李克强总理批示
国家气候中心2014年第80期重要气候信息《6月以来甘肃东南部降水偏少，出现伏旱》	国办批转
积极应对气候变化，加强气象防灾减灾，推进生态文明建设	中国气象局领导陇原大讲堂宣讲
祁连山水资源可持续利用及对策建议 在河西内陆河流域生态治理中加强应对气候变化工作 建设甘肃省国家生态安全屏障综合试验区应重视气象防灾减灾和应对气候变化工作	2012、2014、2015年 全国"两会"建议提案
甘肃中部发生重大干旱灾害的报告	矫梅燕副局长批示
新华社国内动态清样《谨防气候变化成为西部地区因灾致贫新"穷根"》	时任省长林铎批示
甘肃省气象局关于祁连山区生态气候环境状况分析及建议的报告	分管副省长批示

近几年，甘肃省气象局重大决策服务材料得到国务院、中国气象局、甘肃省委省政府高度重视。截至 2019 年 9 月，甘肃省气象局共有 6 大类 15 种决策气象服务材料；2015—2018 年，全年制作发布省级决策服务材料从 100 期升至 500 多期；2018 年决策气象服务材料较前三年平均增加一倍。2015—2018 年决策气象服务材料获省委省政府领导批示 37 份，政府网通告从 2015 年的每年 50 篇，增长至 2018 年的 166 篇

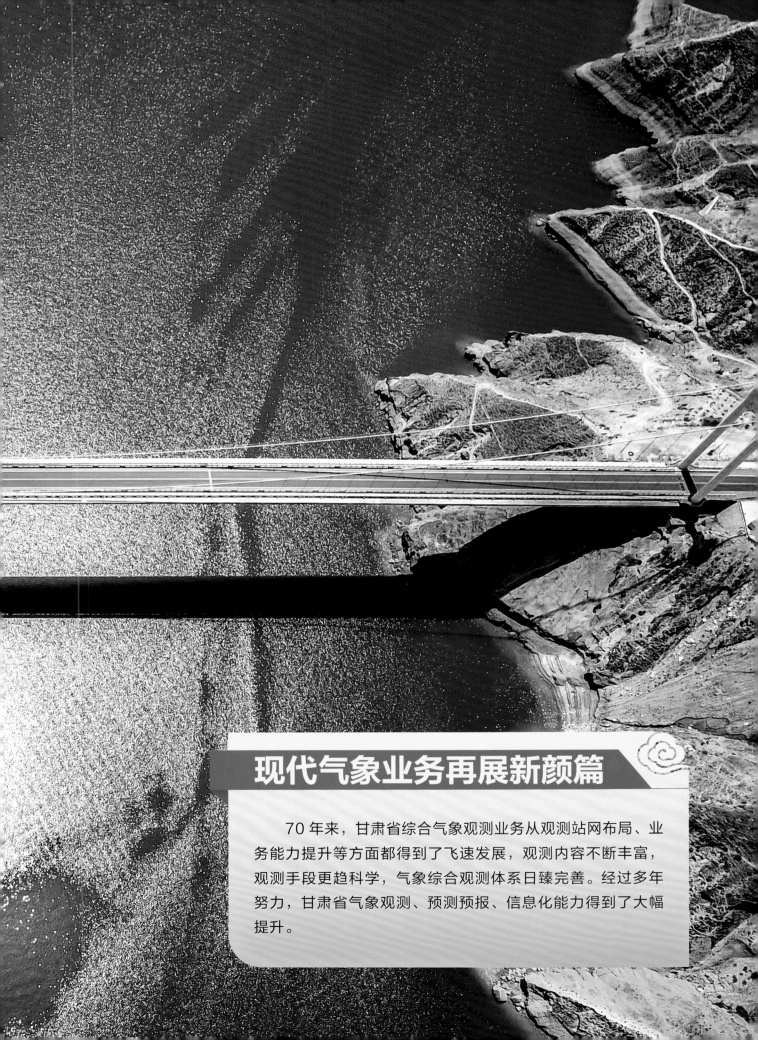

现代气象业务再展新颜篇

　　70 年来，甘肃省综合气象观测业务从观测站网布局、业务能力提升等方面都得到了飞速发展，观测内容不断丰富，观测手段更趋科学，气象综合观测体系日臻完善。经过多年努力，甘肃省气象观测、预测预报、信息化能力得到了大幅提升。

综合气象观测技术水平大幅提升

综合气象观测业务在观测技术、观测手段、观测项目、观测质量、站网规模、数据传输及有效供给等方面都得到了飞速的发展，综合观测能力显著提升。目前已形成天基、空基和地基相结合、门类比较齐全、布局基本合理的现代化大气综合观测系统。

国家级地面气象观测站全部实现气象数据格式标准化业务运行，除云和地面状态、冻土外基本气象要素观测实现自动化。

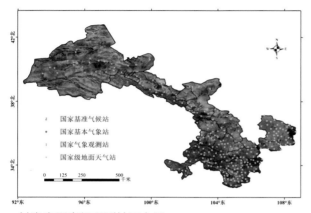

甘肃省国家级观测站网布局

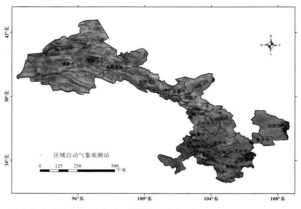

甘肃省区域自动气象观测站网布局

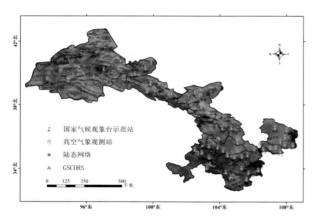

甘肃省高空气象观测站网布局

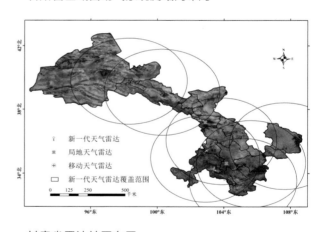

甘肃省雷达站网布局

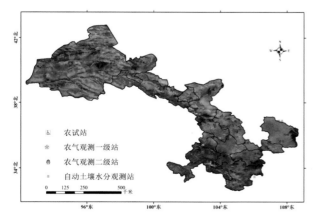

甘肃省农业气象观测站网布局

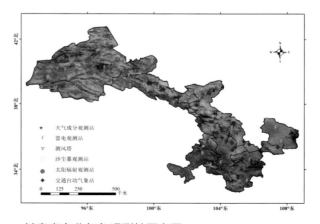

甘肃省专业气象观测站网布局

▶ 地面气象观测逐步向自动化发展

　　甘肃省共建有 81 个国家级气象站、262 个国家级地面天气站、1913 个区域气象站，乡镇覆盖率达到 99.37%。建成 2 个国家气候观象台、23 个农业气象观测站、4 个国家级农业气象试验站、81 个自动土壤水分观测站、84 套便携式自动土壤水分观测仪、19 个雷电监测站、6 个辐射观测站、4 个沙尘暴观测站、4 个大气成分监测站、34 个交通气象观测站，以及 3 个大气电场仪、20 座风能观测站，在 12 个市（州）开展了太阳紫外线观测，全部气象台配备高清实景监控系统。全省共有 9 个高空气象观测站、2 部风廓线雷达，通过部门间数据共享和自身建设共有 44 个 GNSS/MET 水汽监测站，实现了全天候连续观测和资料实时上传，大大提高了观测密度和数据应用时效。

（a）毛发湿度计（自记纸记录，人工读数）　　（b）毛发湿度表和玻璃温度计（人工读数）　　（c）自动化观测的温、湿度传感器

温、湿度实现由人工观测向自动化观测转变

（a）风速自记仪（自记纸记录，人工读数）　　（b）风向观测仪（人工读数）　　（c）自动化观测的风向风速传感器

风向风速实现由人工观测向自动化观测转变

（a）20世纪80年代观测员人工观测雨量

（b）20世纪90年代初观测员记录虹吸式雨量计数据

（c）自动化观测的雨量传感器

（d）新型雨量观测设备，实现雨量、雨强和固态降水的自动观测

雨量实现由人工观测向自动化观测转变，并实现固态降水自动观测

（a）人工读数的地温观测表

（b）自动化观测的地表温度传感器

（c）自动化观测的深层地温传感器

地温实现由人工观测向自动化观测转变

（a）蒸发皿与称重磅秤　　（b）人工读数的大型蒸发观测设备　　（c）自动化观测的大型蒸渗计

蒸发实现由人工观测向自动化观测转变

人工观测天气现象　　能见度自动观测仪　　降水类天气现象自动观测仪

天气现象和能见度实现由人工观测向自动化观测转变

自记纸记录的人工日照计　　自动观测的日照计

日照时数实现由人工观测向自动化观测转变

新增的酸雨观测设备

新增的闪电定位仪

新增的电线积冰观测设备

L 波段二次探空雷达，人工捕捉探空仪信号

自动施放氢气球、自动捕捉探空仪信号的探空观测系统

地基风廓线雷达能够实时观测并提供大气三维风场信息

(a) 国家气候观象台

(b) 太阳辐射观测设备

（c）温室大棚小气候观测设备图

建成两个国家气候观象台（张掖、武威），开展地面基准辐射观测、固态降水自动化观测、雪深自动观测、自动土壤温度和湿度观测试验及常规地面自动气候站观测，通过新设备新技术观测试验、站网优化布局外场试验以及长期、稳定、连续的基本气候变量观测，为气候系统基本信息、分析区域天气气候不确定性问题、认识区域天气气候特征和演变规律、数值模式系统校验等提供有力支撑

▶ **天气雷达监测有力支撑预报服务**

　　甘肃省天气雷达监测网的建设取得了长足发展，经历了从常规模拟天气雷达到数字天气雷达再到多普勒天气雷达的三个重要阶段，在突发灾害性天气、极端气候事件、生态环境、交通安全保障以及云水资源利用等方面发挥了重要作用。全省已建成 7 部新一代天气雷达、4 部局地天气雷达和 2 部移动天气雷达，形成以新一代天气雷达为主、局地天气雷达及移动天气雷达为补充的雷达监测网，实现了全省气象服务重点区、灾害天气频发区全覆盖。

兰州新一代天气雷达

天水新一代天气雷达站

张掖新一代天气雷达站

陇南新一代天气雷达站

庆阳西峰新一代天气雷达站

嘉峪关新一代天气雷达站

甘南合作新一代天气雷达站

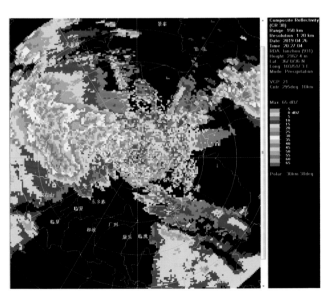

新一代天气雷达回波图

▶ **生态遥感监测能力逐步提升**

　　气象卫星遥感生态气象观测能力进一步增强。共建成 1 个风云三号气象卫星资料接收站，1 个风云四号试验气象卫星省级接收站，8 个静止气象卫星中规模利用站，以及敦煌遥感卫星辐射校正场。安装 EOS/MODIS 接收系统，大大提高了对自然灾害和环境的监测能力。建立省、市、县三级生态遥感业务体系，综合利用气象卫星、高分辨卫星等多源数据，开展生态环境和各类自然灾害卫星遥感监测业务。成立了沙尘暴理化实验室，建成了玛曲牧业气象观测站（草地）和武威生态与农业气象试验站（荒漠）2 个生态站。

敦煌遥感卫星辐射校正场

风云四号卫星接收站

风云三号卫星接收站

风云四号卫星省级利用站接收的云图

沙尘暴卫星遥感监测系统

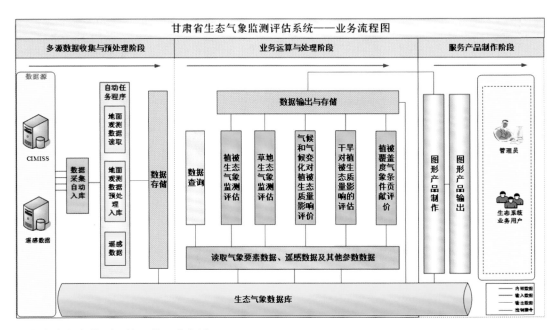

建立生态气象监测评估系统和业务流程

▶ 综合气象观测保障能力显著增强

完成综合气象观测运行监控系统（ASOM）2.0版、县级气象综合观测业务集成平台（MOPS）、气象技术装备信息动态管理系统的部署应用，完成地面和高空观测业务一体化调整，实现了县级气象观测业务集约化、观测装备运行全网监控。加强省级装备保障和计量检定能力，建设14套地市级移动计量检定系统，成立市级保障中心，推进全省装备分级分类保障，提高各级装备保障效率。综合观测系统稳定运行，自动站和雷达业务可用性均在99%以上。

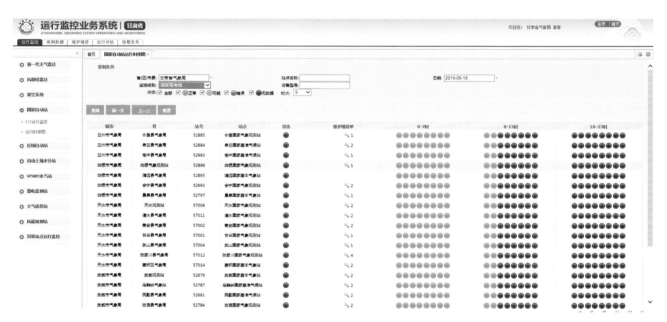

运行监控业务系统（ASOM）

▶ 综合气象观测质量效益稳步提升

全面完成观测业务标准化改造，统一了国家级地面气象观测站技术标准、数据格式和业务平台，建立健全观测数据质量控制业务，数据质量控制覆盖率达100%，地面气象观测数据可用率达99.99%。推进全省气象观测质量管理体系建设工作，构建气象观测质量管理体系框架，提高气象观测管理能力和业务质量。数据传输时效大幅提升，国家地面自动站数据省内到达时间0.45分钟，区域自动站数据省内到达时间1.05分钟，雷达数据省内到达时间2.4分钟。

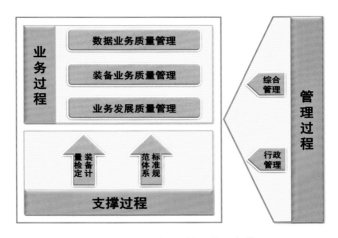

甘肃气象观测质量管理体系架构

甘肃省气象观测质量管理体系

质 量 方 针

数据精准

各类观测数据要满足代表性、准确性、比较性要求，数据的空间和时间分辨率要满足顾客及预报服务部门人员的需求。

保障高效

观测数据采集、传输、质控、产品制作等环节要快速高效，观测设备、通信网络发生故障时，保障人员能够快速反应，及时修复。

服务满意

以满足用户需求、满足上级部门要求为导向，使准确的观测数据能够快速到达预报、服务人员桌面，提供高质服务。

创新发展

开放高效的气象科技创新和人才体系，推动气象观测技术创新、概念创新和思想创新，为新气象观测业务体系的建立贡献强大活力。

甘肃省气象观测质量管理体系质量方针

现代气象预报预测服务水平提升

▶ 省市县业务布局更加合理

　　形成了省级指导、市（州）订正、县级服务的现代气象业务布局。省级主要负责技术的研发、平台的建设、预报的指导及发布；市（州）级主要负责在省级指导产品的基础上，有针对性地开展本地化的订正，重点是开展24小时以内的预报预警产品的订正，发布所在行政区域内的预警信号，并依托订正的预报进行服务；县级主要负责依托省、市指导预报开展短时临近预报预警服务工作。

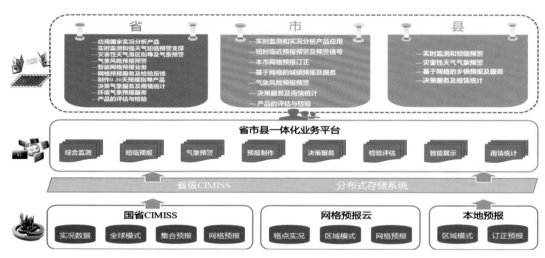

省、市、县三级智能网格预报业务布局

省、市两级智能网格预报业务流程

▶ 预报服务产品不断丰富

　　1956 年 6 月 1 日，西北气象台发布第一份天气预报；2019 年兰州中心气象台每天发布的预报，涵盖了短期、中期、延伸期及环境气象条件预报，增加了智能网格预报、强对流天气分析、灾害性天气预警信号发布、决策气象服务等业务，有山洪、中小河流洪水、地质灾害等情况时还要会同自然资源、水利、应急等部门联合发布相关预警信号。基本形成了从 0 时刻到 360 小时无缝隙的预报服务产品集。

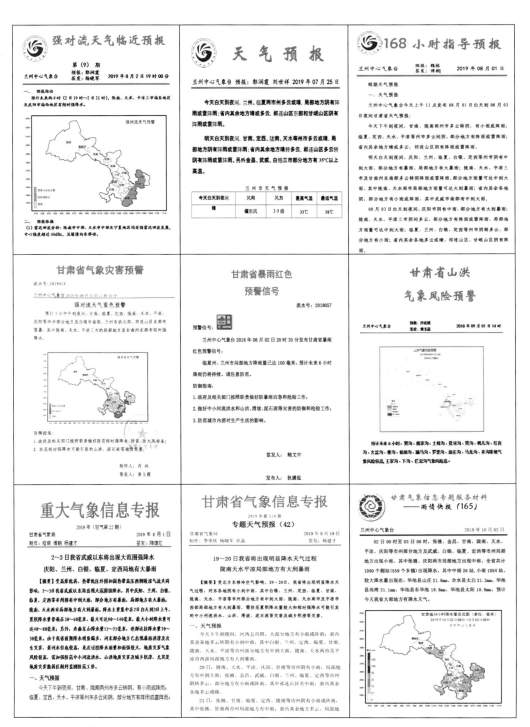

常规预报、预警、服务产品

"一会一节"气象服务专报
"One Meeting & One Holiday" Weather Report

主体活动（开幕式）专题
The Opening Ceremony

甘南州气象局　第 1 期（总第 23 期）　2019 年 07 月 29 日
Gannan Meteorological Bureau　July 29, 2019

一、"一会一节"开幕式期间天气预报概述

根据最新气象资料综合分析，预计"一会一节"开幕式期间天气以晴或多云为主，室外风力为 3 级左右，最低气温在 7℃左右，最高气温在 22℃左右，相对湿度在 40%-80%之间，紫外线强，空气质量优，人体舒适度为舒适，总体气象条件对"一会一节"开幕式无不利影响。

二、温馨提示

开幕式期间，"一会一节"场馆及其周边地区天气晴好，风力不大，空气质量优，人体舒适度为舒适，但早晚温差较大，注意增减衣物，紫外线强，需注意防晒，空气湿度较适中，注意补充水分。

三、"一会一节"开幕式期间逐小时精细化天气预报

四、合作市指数预报

预报要素 Forecast 时间 Time	空气质量 AQI	紫外线指数 UV Index	旅游指数 Travel Index	舒适度指数 Comfort Index
27 日 Jul.27	优 Good	强 Strong	适宜 Suitable	舒适 Comfort
28 日 Jul.28	优 Good	强 Strong	适宜 Suitable	舒适 Comfort
29 日 Jul.29	优 Good	较强 Strong	适宜 Suitable	舒适 Comfort

五、甘南州灾害性天气提示

预计未来一周，甘南州处于两高压之间切变区，水汽输送旺盛，局地发生雷电、短时强降水等对流性天气的可能性较大。

六、温馨提示

未来一周气温较为适宜，但午后紫外线较强，需要进行适当防护。需注意雷电、短时强降水等局地对流性天气的影响。

预报要素 Forecast 时间 Time	天气 Weather	温度 TEMP.	风 Wind	相对湿度 Humidity
30 日 Jul.30	多云间晴有阵雨 Shower	7-21℃ 45/70℉	西北风 3m/s NW 3m/s	80%
31 日 Jul.31	多云间晴有阵雨 Shower	7-21℃ 45/70℉	西北风 2m/s NW 2m/s	80%
8月1日 Aug.1	多云有阵雨 Shower	7-22℃ 45/72℉	西北风 2m/s NW 2m/s	80%
8月2日 Aug.2	多云间晴有阵雨 Shower	7-20℃ 45/68℉	西北风 2m/s NW 2m/s	80%

30-8月2日（96-168 小时）逐日天气预报
Weather forecast from July 30 to August 2

29 日 08 时至 30 日 08 时景点考察踩线天气预报图

制作单位：甘南州气象局

未来 24 小时玛曲境内旅游景点天气预报图

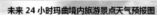

甘南气象

气象服务专报
Special Report on Meteorological Services
2019 年兰州花间田音乐节
Lanzhou Flower Music Festival 2019

李家庄

兰州市气象局　第 1 期　2019 年 08 月 18 日
Lanzhou Meteorological Bureau　August 18, 2019

一、天气实况

过去 24 小时，全市天气晴间多云，最低温度在 11-19℃之间，最高温度在 27-32℃之间，风力小于 3 级，相对湿度在 30%-60%之间，空气质量良好，人体舒适度舒适，仅午后紫外线稍强需注意防晒，总体气象条件适宜。

二、天气预报概述

根据最新气象资料综合分析，预计 19-20 日，全市有小雨天气过程，风力不大（2-4 级），最低温度在 15-17℃之间，最高温度下降明显，较前一日可下降 7-8℃达 23℃；23 日，受高原波动气流影响，全市有小雨，气温略有下降；其中花间田音乐节期间（24-25 日），全市天气以多云为主，气温有所回升，相对湿度在 40%-60%之间，能见度高（30 km 以上），空气质量良好，人体舒适度舒适，总体气象条件较适宜，需注意防范伴随降水天气过程的明显降温所带来的不利影响。具体音乐节会场未来 24 小时预报如下。

附图：未来 24 小时李家庄天气预报图

音乐节会场 阴 10-21℃

甘肃省气象信息专报

甘肃省气象局　2018 年 7 月 23 日 08 时
制作：车玉川　王勇　孔祥伟　　签发：李照荣

东乡山洪灾害专题天气预报（九）

一、天气实况

22 日 08 时-23 日 07 时，临夏州大部地方出现大到暴雨天气，其中永靖县大部及其复县、积石山县局部地方出现暴雨（图1）。东乡、广河降水以小到中雨为主，其中东乡西北地方出现大雨。东乡、广河最大降水出现在东乡老地 42.7 毫米，有 9 个测站降水超过 25 毫米。东乡本站为 25.4 毫米，广河为 1.4 毫米。

图1：临夏州及临近县 22 日 08 时-23 日 07 时 24 小时降水量实况图

二、临夏州及临近地区未来 24 小时降水落区

未来 24 小时临夏州及定西市临洮县大部分地方降水仍将持续，部分地

第十八届环青海湖国际公路自行车赛
专题天气预报
2019 年第 28 期
兰州中心气象台 交通市气象台　2019 年 7 月 24 日 15 时 00 分
预报：刘世祥 刘世祥　　制作：何金梅　　传翻 钱莉

第十一赛段（民勤-鹏格里沙漠）
未来 24 小时天气预报（24 日 20 时-25 日 20 时）

地点 Place	时间 Date	天况 Weather conditions	气温 Temperature	降水量 Precipitation	风 Wind
民勤 Minqin	24 日夜间 24night	晴间多云 Mostly Sunny	19~28℃	无降水 Null	西南风 SW 2-3m/s
	25 日白天 25 daytime	晴间多云 Mostly Sunny	20~36℃	无降水 Null	东北风 NE 2-3m/s
薛百 xuebai	24 日夜间 24night	晴间多云 Mostly Sunny	19~28℃	无降水 Null	西南风 SW 2-3m/s
	25 日白天 25 daytime	晴间多云 Mostly Sunny	20~36℃	无降水 Null	东北风 NE 3-4m/s
苏武 Suwu	24 日夜间 24night	晴间多云 Mostly Sunny	19~31℃	无降水 Null	西南风 SW 2-3m/s
	25 日白天 25 daytime	晴间多云 Mostly Sunny	20~37℃	无降水 Null	东北风 NE 2-3m/s
南湖 Nanhu	24 日夜间 24night	晴间多云 Mostly Sunny	18~27℃	无降水 Null	西南风 SW 2-3m/s
	25 日白天 25 daytime	晴间多云 Mostly Sunny	20~36℃	无降水 Null	北风 N 3-4m/s

联系电话：0935-6123392

甘肃省气象信息专报

甘肃省气象局　2019 年 8 月 18 日
制作：程瑛 杨晓军 刘世祥　　签发：

舟曲东山、岷江流域专题天气预报（二十八）

一、舟曲东山、岷江流域天气实况

15 日 08 时-16 日 08 时，舟曲东山无降水，岷江流域有 46 个区域站，岷江流域墨点上游只在罗家村出现 1.5 毫米降水（图）。

图1：岷江流域 15 日 08 时-16 日 08 时降水量实况图（▲代表墨塞点）

二、岷江流域未来 24 小时降水落区

各类专题预报服务产品

▶ 预报支撑技术不断完善

　　1956—1979 年的 20 多年中，主要依靠预报员手写完成预报；20 世纪 80 年代，随着计算机的引进，逐步实现了预报的电子化；21 世纪初，"气象信息综合分析处理系统"（MICAPS1.0）在甘肃省投入业务应用，结束了天气图只能靠人工分析的历史。2010 年之后，SWAN 平台投入应用，进一步提升了短时临近预报业务能力。研发西北区域中尺度数值预报模式，建成集监测、预报、预警、服务、检验等功能于一体的省－市－县一体化业务平台，实现了任意时间、任意地点、任意要素的预报，实现了预报、预警、服务等产品的一键式发布。

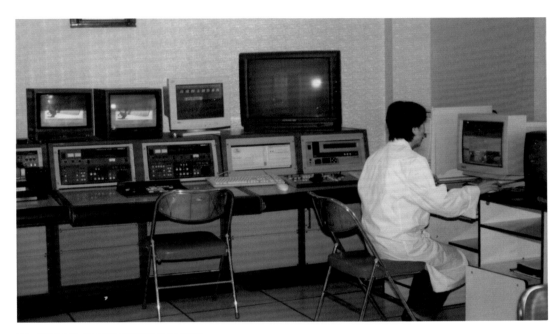

20 世纪 80 年代天气预报业务平台

20 世纪 80 年代兰州中心气象台天气会商

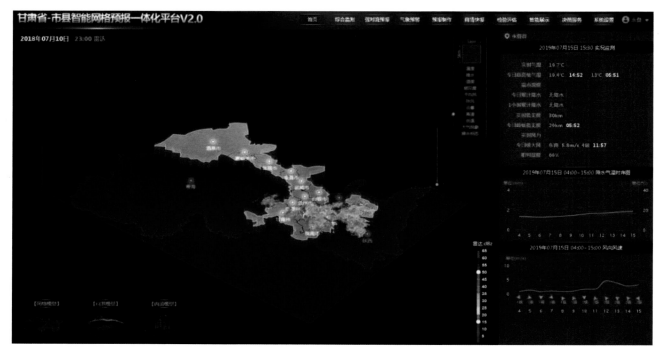

2018 年甘肃省 – 市（县）智能网格预报一体化平台（Gansu-IGFP）2.0 投入运行

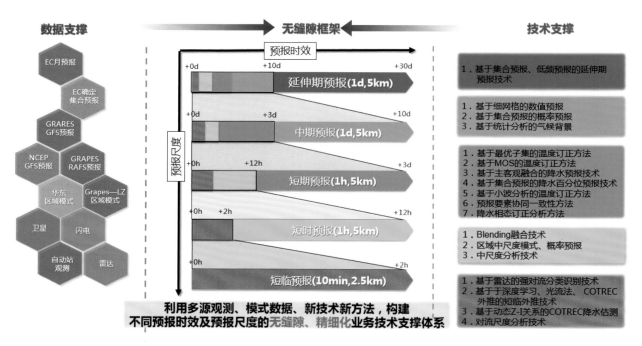

建成多种技术和数据支撑的无缝隙预报业务体系

▶ 预报服务能力不断提高

天气预报服务产品从 20 世纪 90 年代 24 小时间隔的分县区预报，发展为可提供未来 10 天、3 小时间隔、空间分辨率 5 千米的智能网格预报。预报准确率、预警信号发布提前量、预警信号准确率等逐年稳步提高，截至 2018 年，暴雨落区预报准确率达到 42.9%，暴雨预警信号准确率达 87.8%、发布提前量为 3.5 小时，冰雹预报准确率为 15.1%，短时强降水预报准确率为 24.2%。

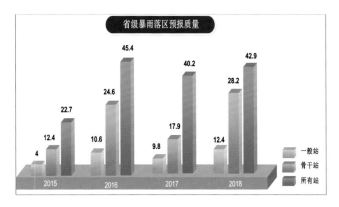

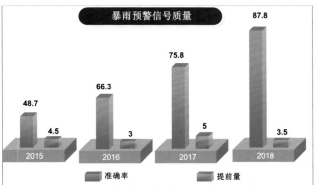

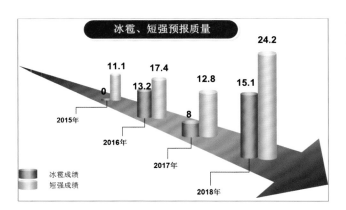

省级暴雨落区预报、暴雨预警信号、强对流天气预报质量稳步提升

2014 年 1 月，在第四届全国气象行业天气预报职业技能竞赛中，甘肃省气象局取得团体第十名的好成绩，实现历史突破

2016 年 1 月，在第五届全国气象行业天气预报职业技能竞赛中，甘肃省气象局取得团体第八名的好成绩，百尺竿头更进一步

2016 年 1 月，在第五届全国气象行业天气预报职业技能竞赛中，甘肃省气象局取得现场问答单项团体第一名的好成绩

▶ 应对气候变化有序推进

建成张掖、武威国家气候观象台和国家级综合气象观测试验基地，补充完善生态气象观测布局，提升观测能力。继续推进气候变化归因研究，持续更新气候变化基础数据库。开展气候可行性论证服务、风能资源普查、太阳能利用等新能源气象服务。发布关于甘肃祁连山区气候生态环境监测报告，利用多年遥感资料及地面生态监测数据分析祁连山区生态气候环境状况。

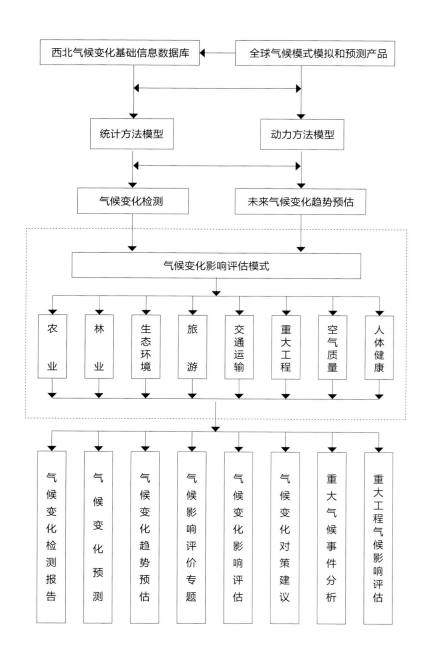

兰州区域气候中心在 2014 年气象服务工作中成绩显著，荣获中国气象局重大气象服务先进集体称号

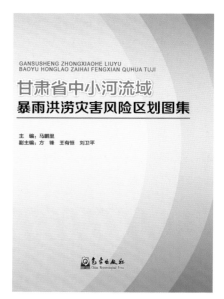

《甘肃省中小河流域暴雨洪涝灾害风险区划图集》直观展示了甘肃省暴雨洪涝灾害风险区划的空间分布规律，为气象、农（牧）业、林业、交通、水利、环保、旅游、建筑、工程设计和各级防灾减灾指挥部门进行科研、管理与决策时提供基本的科学依据

气候变化评估业务主要包括气候变化检测分析、专题影响评估、未来气候变化趋势预估等。

通过对多项气候监测、评估指标的对比应用和本地化释用，构建了甘肃省不同区域气象干旱、高温、低温、强降水等指标和阈值，建立甘肃省气候监测与评估指标体系，在 B/S 架构下建设完成"干旱半干旱地区气候变化监测与评估系统"

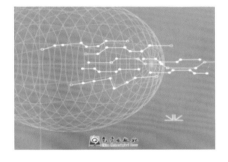

兰州区域气候中心坚持以地方需求为导向，从近年来撰写的 200 多份决策服务材料中遴选出 48 篇汇编成书，涉及气象防灾减灾、生态文明建设、脱贫攻坚与现代农业、极端气候事件影响及评估等内容

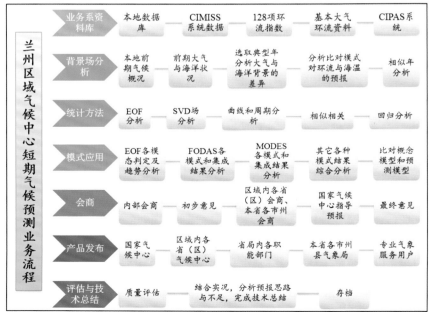

针对短期气候预测，兰州区域气候中心制定详细的短期气候预测业务流程

气候与气候变化监测预测系统（CIPAS2.0）集监测、预测、交互分析于一体，业务类别丰富，数量庞大，极大提高了业务人员工作效率；在国家级CIPAS基础上，结合DERF/CFSV2/EC16模式资料，开展本地化建设，实现本省延伸期降水、气温概率预报及其检验，对极端气候事件预测有一定的指示意义。

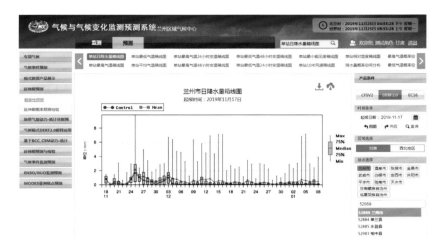

气候与气候变化监测预测系统（CIPAS2.0）本地化应用

2018年短期气候预测质量高，尤其是汛期预测准确、服务及时，获得中国气象局重大气象服务先进集体称号

甘肃区域多时间尺度预测系统V2.0，包含甘肃省延伸期强降水、强降温、夏季高温等重要过程预测技术及其业务系统、延伸期雾/霾（大气污染潜势）预测业务能力建设、月-季-年气候客观化预测，可以实现全省0.25度分辨率降水、气温等主要气象要素预报业务（智能化网格预报）。

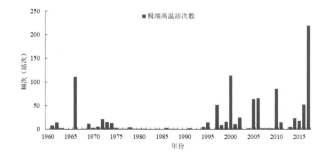

在全球变暖大背景下，西北地区极端气候事件趋于增多，1997年以来极端高温事件较之前增加了5倍

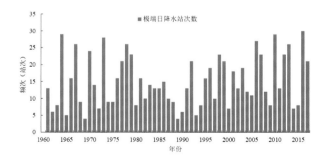

2000年以来，极端降水事件较之前增加了28%，特别是近年来增多尤为明显。2019年甘肃河西地区7站出现极端降水事件，历史罕见

气象信息系统综合能力加强

以气象信息化推动气象现代化，统筹推进气象部门信息化建设，初步形成覆盖省－市－县三级的网络、统一的数据库以及大量气象业务应用系统组成的气象信息化综合体系，有力支撑了天气监测、预警、预报、预测和基本公共气象服务等基础气象业务的发展

▶ 气象信息基础设施水平持续提升

气象通信能力不断优化升级。全省广域网省－市电信专线 14 条提速至 100 M、市至县 72 条专线提速至 30 M。省级互联网出口提至 800 M，实现基于 4G 物联网的区域站信息化传输模式改造，大幅提升自动站观测数据传输时效。建设全国综合气象信息数据共享平台（CIMISS），形成"两级部署、四级应用"的数据业务技术体制，支撑省－市－县三级数据业务应用。建成支持全省 85 个会场的高清天气会商系统。

20 世纪 50 年代地处荒远的气象台站发报的八一电台

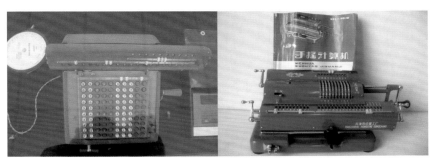

20 世纪 50 年代预报用手摇计算机（左）和天津市红星厂造的 BSL-201 型手摇计算机（右）

1984 年气象台站装备的夏普 PC-1500 计算机

20 世纪 80 年代使用的传真收片机（左）和 123 型气象传真机（右）

1987 年临夏州气象局研制的"苹果 II 计算机自动填图系统"和 DXY800 型填图仪，实现了天气图全自动填图和收报、选报、填图同步运行，大大降低了劳动强度，提高了工作效率

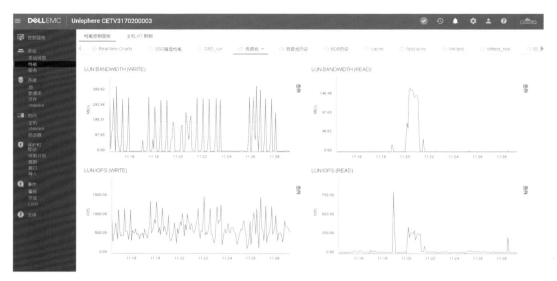

CIMISS 运行监控系统界面

CIMISS 负载均衡管理系统

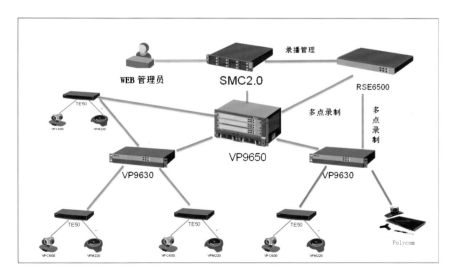

全省视频会商系统拓扑图

天翼云气象大数据监控平台

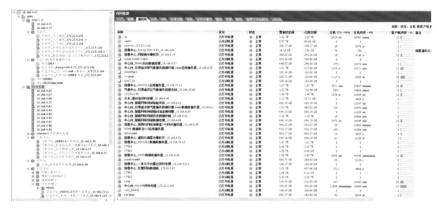

虚拟化基础资源池 VMWare 管理平台

数值预报云平台监视界面

建立气象综合业务实时监控体系。搭建"天镜"综合业务实时监控平台，实现省级资源池基础设施资源的集中监视，对计算、存储、网络等基础设施以及数据库、中间件等平台环境进行实时监视，提高各类信息系统的保障效率。

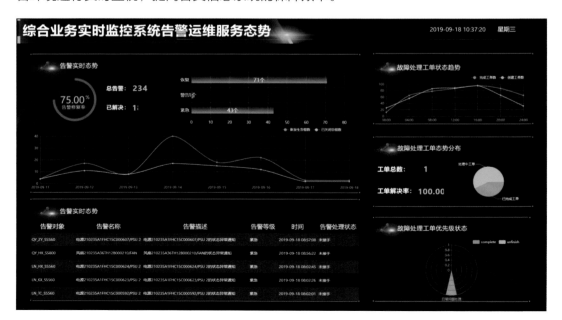

"天镜"综合业务实时监控系统告警运维服务态势

▶ 推进高性能计算能力建设

高性能计算机能力建设进一步加强，从 2004 年开始先后引进高性能计算机 SGI Altix 3700、华云神箭 HYSC-1000、SGI Altix 4700、IBM Flex P460。2014 年引进基于 IBM Flex System p460 的高性能计算集群系统，由 28 个 P460 节点构成，共 832 核 CPU，系统峰值处理能力为 25.4464 Tflops，存储空间 72 TB。

1990 年引进的 PDP11/44 计算机服务器

2004 年引进 SGI Altix 3700 计算机，处理器为 20 个 1.3GHz CPU，峰值浮点运算速度为 104 Gflops

1993—1997 年装备的 1600 BPI 制式磁带机、

2014 年，IBM HPC 高性能计算机投入业务使用

▶ 稳步提高网络安全防护水平

全面推进信息安全等级保护。实行涉密信息分级保护，做好气象部门信息系统定级备案和整改。强化安全事件应急处置能力。完善重点单位、重点业务系统应急预案，并组织开展演练，全省台站配置县级防火墙设备，满足市、县级网络安全防护需求，保障气象监测数据的安全采集和传输。

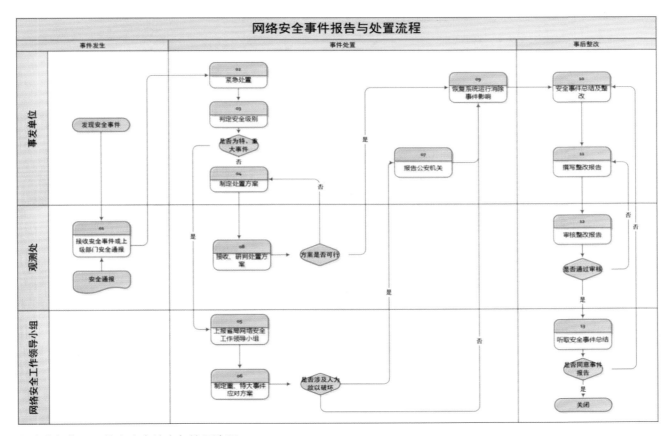

甘肃省气象局网络安全事件应急处置流程

气象科技创新能力增强篇

　　近年来，甘肃省气象局深化科技体制机制改革，坚持科技引领，强化创新驱动，打造业务－科技－人才协同发展机制，在国家及地方重大发展战略保障、重大科技项目及奖励申报、气象科技人才培养、气象科普宣传等方面成绩斐然，气象核心业务能力显著提升，气象现代化水平取得长足发展。

气象科技发展
体制机制逐步完善

　　甘肃省气象局立足客观发展实际，深化科技体制机制改革，坚持把气象科技创新和人才培养工作放在事业发展的优先位置，创新业务科技协同机制，为全面推进甘肃气象现代化建设提供坚实的科技支撑。1978—2018年甘肃省气象局获得资助项目2727项，资助经费28043.2万元；其中国家级项目199项，经费14802.6万元。2002—2018年获得国家自然科学基金项目资助51项，资助经费2146.5万元。

▶ 气象科技创新体系不断完善

　　气象科技创新体系实现全流程精细化管理，气象科技创新驱动业务发展体系逐渐完善，建成气象科技成果孵化平台，组建5个省级气象创新团队。依托中国气象局兰州干旱气象研究所建成4个气象科技创新平台。

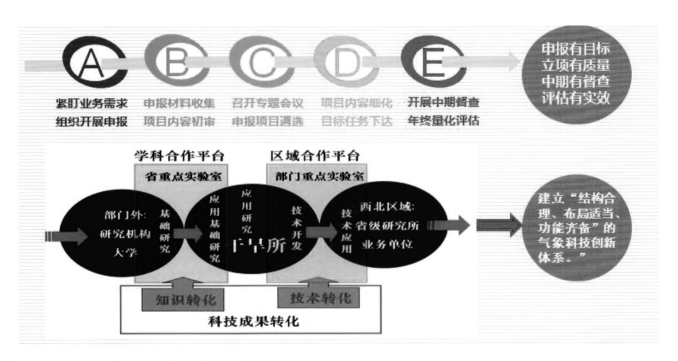

气象科技创新驱动业务发展体系逐渐完善

▶ 气象科技创新成果丰硕

2002—2018 年，甘肃省气象部门获得省部级及以上科技奖励 38 项。其中，获国家科学技术进步二等奖 1 项；省级科技进步奖 34 项（一等奖 1 项）；中国气象学会气象科学技术进步成果奖 3 项（一等奖 1 项）。

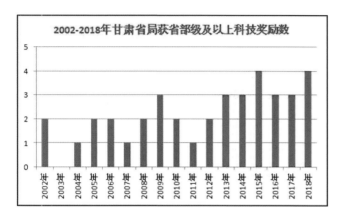

2002—2018 年甘肃省气象部门获省部级及以上科技奖励 38 项

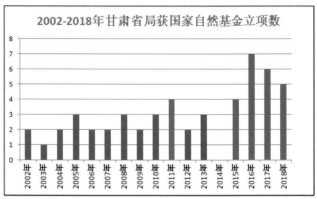

2002—2018 年甘肃省气象局获国家自然基金委资助项目 51 项

十八大至今（2012-2018年）甘肃省气象部门省部级及以上科技奖励名单

序号	项目名称	奖励名称及等级	第一主要完成者	获奖时间
1	西北极端干旱事件个例库及干旱监测指标体系研究	甘肃省科技进步二等奖	白虎志	2012
2	甘肃省风能资源普查评价和并开发利用研究	甘肃省科技进步三等奖	马鹏里	
3	中国西北干旱气象灾害监测预警及减灾技术	国家科学技术进步奖二等奖	张强	
4	沙尘暴发生机理及监测预报和影响评估集成技术研究	甘肃省科技进步二等奖	张强	2013
5	风电功率预报预测集约化系统开发推广应用项目	甘肃省科技进步三等奖	杨瑞峰	
6	西北地区旱作农业对气候变暖的响应规律及其应对技术研究	甘肃省科技进步三等奖	张强	
7	陇南市自然灾害监测预警指挥系统研究	甘肃省科技进步三等奖	李照荣	2014
8	西北地区沙尘暴监测预报与影响评估技术及其集成应用	中国气象学会气象科学技术进步成果奖二等奖	张强	
9	青藏高原东缘水汽通道关键区域大气综合监测系统建立与应用	甘肃省科技进步一等奖	李耀辉	2015
10	基于现代观测体系的雨养农业生态干旱特征及监测预警技术研究	甘肃省科技进步二等奖	岳平	
11	甘肃山洪地质灾害精细化气象预报技术与风险管理技术研究应用	甘肃省科技进步二等奖	王宝鉴	
12	甘肃省城市规划与重点工程建设气象保障关键技术研究及应用	甘肃省科技进步三等奖	马鹏里	2016
13	干旱地区人工影响天气关键技术研究	甘肃省科技进步三等奖	尹宪志	
14	海量自动站资料快速质控与省际间气象资料高校共享及应用	甘肃省科技进步三等奖	杨兴国	
15	甘肃省强对流天气监测预报预报技术集成与应用	甘肃省科技进步三等奖	朱辉军	2017
16	青藏高原东北部强对流天气预报及人工防雹作业关键技术应用研究	甘肃省科技进步三等奖	付双喜	
17	干旱半干旱区陆面水热过程和超厚大气边界层特征及参数化研究	中国气象学会2018年度大气科学基础研究成果奖一等奖	张强	
18	我国典型农田水分利用效率对气候变化的响应及适应研究	甘肃省科技进步三等奖	王润元	2018
19	中国西北区域高分辨率数值天气预报模式改进及应用	甘肃省科技进步三等奖	张铁军	
20	祁连生态修复人工增雨立体作业体系及应用研究	甘肃省科技进步三等奖	尹宪志	

甘肃省气象局科技与预报处

2012—2018 年甘肃气象部门获省部级及以上科技奖励名单

《中国西北干旱气象灾害监测预警及减灾技术》获国家科学技术进步二等奖

2010年3月15日，国家科技支撑计划"黄河重要水源补给区（玛曲）降水资源调控技术研究"实施方案通过专家论证

2013年3月29日，启动国家科技973计划项目"气候变暖背景下我国南方旱涝灾害风险评估与对策研究"

2016 年 5 月 17 日，干旱气象科学研究计划"大气科学灾害天气气候成因与预报统计分析及计算物理"研究进展汇报会

2018 年 9 月 26 日，"干旱气象科学研究计划"暨公益性行业（气象）科研重大专项"干旱气象科学研究——我国北方干旱致灾过程及机理"研讨会

《干旱半干旱区陆面水热过程和超厚大气边界层特性及其参数化研究》获中国气象学会大气科学基础研究成果一等奖

《青藏高原东缘水汽通道关键区域大气综合监测系统建立与应用》获甘肃省科技进步一等奖

气象人才队伍不断壮大，素质稳步提高

经过70年的发展和奋斗，甘肃气象部门形成了学历、职称、专业、年龄结构合理的高质素专业化人才队伍。

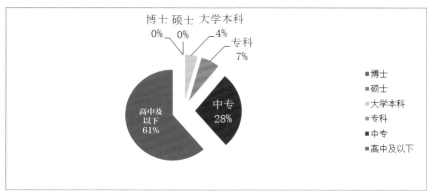

1981年甘肃省气象部门人员学历分布

学历方面：截至2019年6月，本科及以上学历1425人，占总人数的82.4%，相比1981年的4%增长了近20倍；硕、博士研究生216人，从无到有，不断壮大，已占到职工总数的12.5%。

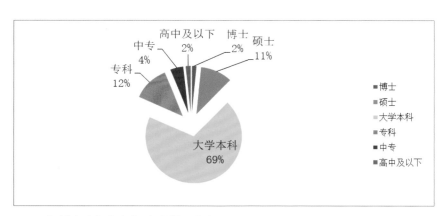

2019年甘肃省气象部门人员学历分布

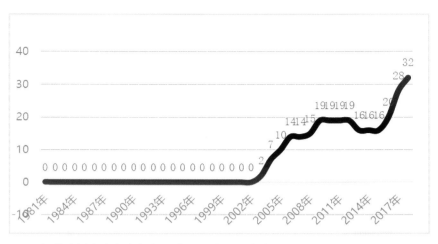

职称方面：高级职称人员367人，占总人数的21.2%，其中正高级职称人员32人，占总人数的1.78%；具有中级职称及以上人员1224人，占总人数的70.7%。

1981年以来甘肃省气象部门正高级职称人员变化

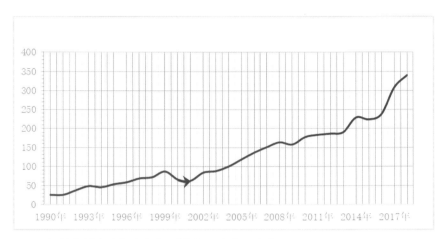

1990年以来甘肃省气象部门副高级职称人员变化

年龄方面：35岁以下567人，占32.8%；36-45岁387人，占22.4%；46-55岁617人，占35.7%；56岁以上159人，占9.2%。

全省气象部门职工年龄结构比例图

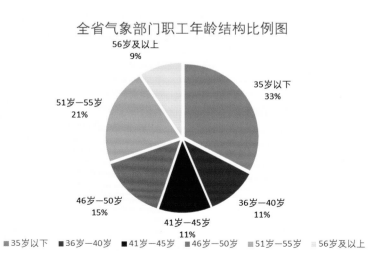

甘肃省气象部门职工年龄结构比例

科技人才实现互促发展，综合实力显著提升

　　坚持党管人才、自主培养、以用为先，大力实施人才工程，建立起从基层业务一线人员、中级潜力人才、优秀青年拔尖人才、业务科技骨干到高级人才的覆盖全面、层次清晰的人才培养制度体系。打造科技－人才－业务紧密结合、互相促进的协调发展的"螺旋渐进式"良性互促机制，2004年以来通过各种人才培养计划共培养不同层次人才258人次，其中入选"十人计划"的25人中有23人取得正高级职称。近三年全国气象部门人才评估工作报告显示，甘肃省气象部门高层次人才队伍和人才综合评估结果在省级气象部门均稳居前五，综合实力显著提升。

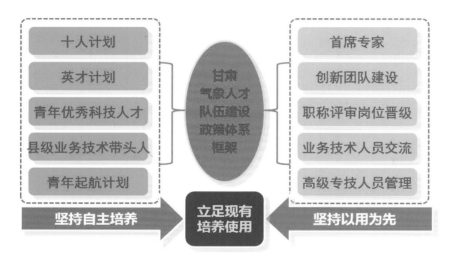

建立科学合理的人才队伍建设政策体系

建立科技－人才－业务螺旋渐进式互促机制

近年来甘肃省气象部门20人次获得国家级人才奖励（支持），34人次获得省部级人才奖励

2007年，张强研究员获得国务院颁发的政府特殊津贴奖

2009年，李耀辉研究员获得国务院颁发的政府特殊津贴奖

2006年，张强研究员入选人事部"新世纪百千万人才工程"国家级人选

2010年起，张强研究员和李耀辉研究员被省委、省政府连续聘为"甘肃省领军人才"

2009年，张强研究员荣获首届邹竞蒙气象科技人才奖

2010年，正研级高级工程师林纾当选中国气象局首席预报员

2017年，张强研究员获得四部委联合颁发的"全国创新争先奖状"

2014年，张强研究员获得"全国优秀科技工作者"称号

2012年，正研级高级工程师林纾被省委、省政府联合授予"甘肃省优秀专家"称号

2011年，王劲松研究员荣获第二届邹竞蒙气象科技人才奖

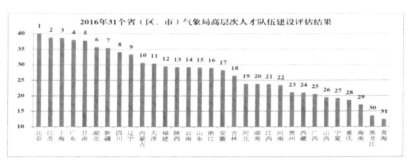

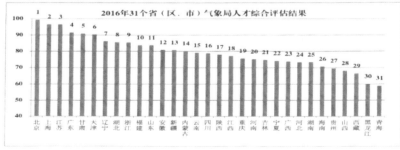

近年全省气象人才综合评估稳居全国省级气象部门第五位

大力普及气象知识
提升防灾减灾水平

　　强化科普宣传和舆论引导，加大世界气象日、科技活动周、防灾减灾日等重要节点科普宣传力度。气象科技进校园、进农村、进社区、进军营等活动逐年举办。2019年全国科普讲解大赛，甘肃省气象局选手代表中国气象局荣获一等奖和十佳科普使者称号。2019年全国气象科普讲解大赛中，甘肃省气象局代表队3名选手荣获一等奖1名、二等奖1名、优秀奖1名。

▶ 重要时间节点科普宣传活动异彩纷呈

　　全省气象部门充分发挥自身资源优势，通过开放气象台、观测站（场）、气象科普基地、防灾减灾社区、乡镇气象工作站、校园气象站等场所，印制气象科普海报、宣传单、定制宣传小礼品等组织开展气象科普趣味活动。

"世界气象日"组织大型气象科普宣传活动

"世界气象日"兰州中心气象台向社会开放

"世界气象日"向小学生普及人工影响天气知识

"世界气象日"向市民宣传气象防灾减灾知识

2019年4月9日,"科技强省,气象万千"气象科技活动周启动仪式

"防灾减灾日"活动中向市民介绍人影火箭弹

▶ 气象科普宣传形式多种多样

以人工影响天气60周年、改革开放40周年、世界气象日、科普宣传周及全国科普日为时间节点,通过网站、报纸、电视、新媒体等途径向公众宣传气象科普常识、气象法律法规及气象防灾减灾知识等,不断扩大气象工作影响力。

联合省教育厅向中小学赠送防雷科普光盘和挂图

工作人员为贫困村留守儿童讲解二十四节气知识

进校园普及智慧气象科普知识

向部队官兵讲授气象防灾减灾知识

"气象关注民生,科普助力扶贫"活动进贫困村

甘肃省气象局和甘肃省广播电视总台联合举办"气象小主播""气象小咖秀"等少儿电视节目,提高气象科学知识普及覆盖面

将农业气象科普知识送到田间地头

贫困村一名留守儿童获得气象科普产品奖励

向少数民族群众宣传普及气象防灾减灾科学知识，宣讲气象在经济社会发展，特别是在防灾减灾和应对气候变化中发挥的重要作用

种类齐全、内容丰富的气象科普宣传产品

▶ 气象科普宣传
阵地完善能力提升

全省建成"全国科普教育基地"5个、"全国气象科普教育基地"9个以及70余个城市气象防灾减灾示范社区、1325个乡镇气象工作站、23个校园气象观测站。69个县2905个社区（村）开展了气象灾害应急准备认证，32个乡镇被评为标准化气象灾害防御乡镇。宣传稿件质量不断提高。

2012年，兰州中心气象台被命名为"全国科普教育基地"。截至2019年9月，全省气象部门共创建"全国科普教育基地"5个，"全国气象科普教育基地"9个

2012年，兰州中心气象台被命名为"甘肃省科普教育基地"。截至2019年9月，全省气象部门创建"甘肃省科普教育基地"10个

2018年，中国气象报社甘肃记者站荣获先进记者站称号。从2009年起，作为甘肃气象科普宣传主阵地，中国气象报社甘肃记者站连续10年被评为"先进记者站"

通讯作品《暴雨预警发出5万群众安全转移——定西地震灾区应对强降雨侧记》荣获2013年度中国气象报好新闻通讯类二等奖；通讯作品《新技术催生特色产业大发展——甘肃永登气象为农服务纪实》荣获2016年度中国气象报好新闻通讯类二等奖

2014年，《华家岭上的"五朵金花"》在首届全国气象宣传观摩交流活动中获文字新闻二类作品

2017年，通讯作品《种树，一辈子》在第三十一届中国产业经济新闻奖评选中荣获二等奖

通讯作品《黄土坡生死一夜——甘肃临夏"7·18"特大暴洪灾害应对纪实》荣获2018年度中国气象报好新闻副刊一等奖

▶ 气象科普宣传影响力不断扩大

积极发挥"稿源基地、舆论导向、新闻出口、服务手段、科普园地、文化载体、成就展示"的科普宣传功能，扎实工作，力求创新，在多次科普讲解大赛中表现优异。

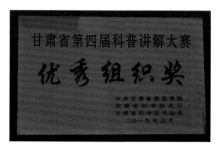

2019 年，甘肃省气象局荣获甘肃省第四届科普讲解大赛优秀组织奖，选派的 5 名选手分别荣获一等奖 1 项、二等奖 1 项、三等奖 2 项、优秀奖 1 项

2018 年，甘肃省气象局选手张澍舟代表气象部门参加全国科普讲解大赛，荣获二等奖

2019 年甘肃省气象局选手代表气象部门荣获全国科普讲解大赛一等奖和"十佳科普使者"称号

临夏州气象局张杰丹以《我是春天里的拦路虎——倒春寒》为题讲解天气变化对生产生活的影响，荣获甘肃省第四届科普讲解大赛三等奖、"2019 甘肃十佳科普使者"称号

甘肃省气象局代表王维以《生命脉动》为题，讲解人类生活对地球的影响、人类应该如何保护赖以生存的珍贵家园；荣获甘肃省第四届科普讲解大赛一等奖、"2019 甘肃十佳科普使者"称号

气象管理体系不断完善篇

  在中国气象局党组和甘肃省委、省政府的坚强领导下，甘肃省气象局党组深入学习宣传贯彻党的历次全会精神，深入推进党的政治建设、思想建设、组织建设、作风建设、纪律建设，把制度建设贯穿其中，深入推进反腐败斗争，为甘肃气象事业高质量发展提供坚强保证。全省各级气象部门牢固树立法治思维和法治理念，将气象业务、服务和管理等各项工作纳入法治化轨道，依法履行气象职责，依法管理气象事务，努力实现气象工作法治化，为全面推进气象现代化和深化气象改革提供有力的法治保障。

党的建设
全面加强

以部门党的建设为总揽，在中国气象局党组和甘肃省委、省政府的正确领导下，紧紧围绕"党要管党，全面从严治党"这条主线，坚持把抓好党建作为首要政治任务，增强"四个意识"，坚定"四个自信"，做到"两个维护"，为新时代甘肃气象事业高质量发展提供坚强的政治保障。

▶ 抓政治建设，促政治站位提高

2018 年 8 月 20 日，召开全省气象部门巡视反馈意见整改工作视频动员会，全面启动巡视整改各项工作

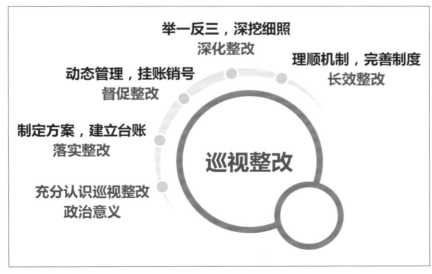

提高政治站位，狠抓巡视整改，形成巡视整改长效工作机制

▶ 抓思想建设，促思想认识提高

党的十八大以来，甘肃省气象部门把党的十八大、十九大精神和习近平新时代中国特色社会主义思想作为党员干部思想建设的重要内容，深入组织"党的群众路线教育实践活动""三严三实"专题教育、"两学一做"学习教育和"不忘初心、牢记使命"主题教育，持续推进党的思想建设常态化制度化。

（1）利用"四学一营造"形式，有效推动党的十八大、十九大精神和习近平新时代中国特色社会主义思想入心入脑，实现用党的先进理论武装头脑、指导实践、推动工作的目标

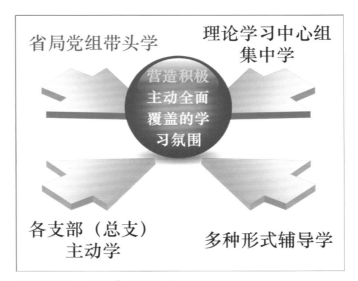

创建"四学一营造"学习方式

召开全省气象部门学习贯彻党的十八大精神研讨会

组织各市（州）气象局、各直属单位、各内设机构主要负责人集中学习党的十九大精神

举办两期处级领导干部学习贯彻党的十九大精神培训班

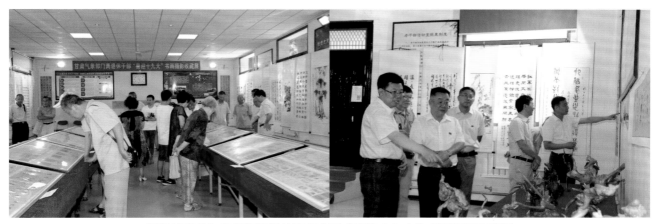

组织甘肃省气象部门离退休干部参观"喜迎十九大"书画摄影收藏展

（2）通过党的群众路线教育实践活动切实解决涉及群众切身利益的问题

指导陇南市气象局"党的群众路线教育实践活动"

召开全省气象部门"党的群众路线教育实践活动"研讨会，深入研讨交流如何继续抓好整改落实、专项整治和制度建设工作，巩固教育实践活动成果。党的群众路线教育实践活动期间，解决涉及群众切身利益的 10 件实事

（3）党员领导干部带头，践行"三严三实"，弘扬气象精神

甘肃省气象局党组书记、局长鲍文中同志以《认真践行"三严三实"，以优良作风推动气象改革发展》为题，为党员干部讲主题党课

甘肃省气象局党组成员、副局长张强同志以《身体力行，做"三严三实"的好干部》为题，为党员干部讲主题党课

2015年12月24日 甘肃省气象局党组成员、纪检组长乔小妹同志指导联系党支部"三严三实"专题教育

甘肃省气象局党组成员、副局长陶健红同志以《自觉践行"三严三实"，扎实推各项工作》为题，为党员干部讲主题党课

积极参加省直机关工委"践行 '三严三实' 争做陇原先锋"主题演讲比赛

（4）"学、督、做"相结合，推进"两学一做"学习教育常态化制度化

2018年7月19日，中共中国气象局党校甘肃分校举行揭牌仪式。甘肃气象部门党的建设进一步加强，党员干部教育培训力度进一步加大

2016年6月28日，甘肃省气象局党组成员、副局长周广胜为联系支部讲"两学一做"专题党课

2017年7月13日，甘肃省气象局党组成员、纪检组长林峰为联系支部讲"两学一做"专题党课

甘肃省气象局离退休党总支开展"两学一做"学习研讨

天水市气象部门固定党日组织学习

甘肃省气象部门举办"两学一做"党章党规知识竞赛、演讲比赛

临夏州委督查州气象局"两学一做"和基层党建工作

甘肃省气象局离退休老党员重温入党誓词,始终牢记党员身份,进一步坚定理想信念,为甘肃气象事业改革发展贡献余热

张掖市高台县气象局全体党员在中国工农红军西路军纪念馆缅怀先烈,重温入党誓词,进一步坚定党员干部理想信念,提高思想觉悟和政治素养,增强历史责任感和使命感,自觉践行党的宗旨,争做合格党员

（5）创新教育载体，活化教育形式，扎实开展"不忘初心、牢记使命"主题教育活动

召开全省气象部门视频会议，对"不忘初心、牢记使命"主题教育工作进行动员部署

甘肃省气象局党组成员、副局长孙安平检查指导兰州市气象局"不忘初心、牢记使命"主题教育，强调要在严密监测、准确预报、及时预警的同时，进一步加强与地方党委政府的沟通联系，为市委市政府决策和民众防灾避险提供优质高效的气象服务

甘肃省气象局党组中心组举行"不忘初心、牢记使命"主题教育宗旨意识专题学习研讨

甘肃省气象局党组成员、纪检组长林峰以"不忘初心、牢记使命 为建设现代化气象强国做出贡献"为题为纪检办、巡察办全体党员讲党课

中国气象局党组"不忘初心、牢记使命"主题教育巡回指导组到甘肃省气象局指导

兰州区域气候中心组织党员到八路军兰州办事处开展缅怀革命先烈，重温入党誓词活动

甘肃省人工影响天气办公室赴空军兰州基地开展"不忘初心、牢记使命"主题教育调研

兰州中心气象台举办"不忘初心跟党走 牢记使命向前行"党建知识竞赛

▶ 抓组织建设，促全面从严治党向基层延伸

着力加强党支部标准化建设。在组织体系、班子队伍建设、党员教育管理、党内组织生活、发挥作用途径、工作运行机制、工作保障等方面开展了标准化建设工作，形成长效机制，充分发挥党支部战斗堡垒作用。

甘肃省气象局党组书记、局长鲍文中指导天水市气象局基层党支部标准化建设

省直机关党支部建设标准化交叉观摩组到甘肃省气象局检查观摩基层党支部标准化建设，兰州中心气象台、中国气象局兰州干旱气象研究所两个党支部被认定为"省直机关标准化建设示范党支部"

甘肃省气象局机关党委组织开展基层党支部标准化建设对标观摩

兰州市永登县县直机关党建观摩组观摩指导永登县气象局党支部标准化建设

白银市气象局党支部建设标准化工作被市直机关党建考核组评定为优秀

▶ 抓作风建设，促敢担当善作为

开展"讲认真、抓落实，强调用心做事"，推进机关作风向"严、勤、细、实、新"转变。开展"纠四风 改作风"专项检查、"守纪律 讲规矩"专题活动和"工作落实年"活动，深化"三严三实"专题教育三个主题。开展"建制度、守规矩"专项活动，甘肃省气象局共废止制度54项，先后制定修订省局党组《工作规则》《重大项目安排和大额资金使用议事细则》等制度46项。在"聚力创新促发展"活动中，找准阻碍甘肃气象事业发展的障碍束缚，发现问题、分析问题、研究问题、解决问题，推动各项工作不断前进。

2018年开展"转变作风改善发展环境建设年"活动，着力解决作风上依然存在的问题，以良好的作风和发展环境保障全省气象事业持续健康发展

逐级签订党风廉政建设责任书，层层传导压力

▶ 抓纪律建设和反腐败工作，积极营造风清气正政治生态

近年来，甘肃省气象局以习近平新时代中国特色社会主义思想为指导，学习贯彻习近平总书记视察甘肃重要讲话精神，增强"四个意识"，坚定"四个自信"，坚决做到"两个维护"，以党的政治建设为统领，以纪律建设为抓手，坚持把政治监督贯穿于构建"四个全覆盖"监督格局的全过程，严格履行监督执纪问责，全力推进全面从严治党，加强党风建设和组织协调反腐败工作。

每年组织召开全省气象部门全面从严治党暨党风廉政建设工作会议，以党的政治建设为统领，扎实推进党的各项建设，为全省气象事业高质量发展提供坚强组织保障。在元旦、春节、中秋节等关键节点前，下发通知，要求各级领导干部严格遵守廉洁自律有关规定，确保单位风清气正

甘肃省气象局每年组织处级干部参加警示教育，增强党员领导干部廉洁自律意识和遵纪守法自觉性。图为党员干部在兰州监狱接受警示教育

庆阳市气象局组织观看《庆阳塌方式腐败的警示》和《迷失的信仰》等发生在气象部门和庆阳当地的违纪违法案例，通过警示教育，筑牢思想防线、严守纪律底线

酒泉市气象局组织党员干部到警示教育基地开展反腐倡廉警示教育

陇南市气象局组织开展警示教育活动

定西市气象局组织开展警示教育活动

出台《审计整改责任追究办法》，每年制定《内部审计工作要点》，实现内部审计全覆盖，强化内部审计监督作用

深化政治巡察

加强组织领导	把准政治定位	健全制度体系	狠抓整改落实	推进全覆盖
党组统一领导，巡察工作领导小组负责，内设机构、直属单位和市（州）局参与，被巡察单位党组织配合，巡察办具体组织实施	聚焦坚持和加强党的全面领导、新时代党的建设总要求、全面从严治党，围绕"四个落实"开展巡察监督，发挥政治"显微镜"和"探照灯"作用	建立《巡察工作实施办法》《关于加强和规范巡察工作的实施细则》《巡察整改和成果运用工作办法》及巡察领导小组、巡察办、巡察组工作规则等完整制度体系	联系局领导落实分管领域的督促整改，职能处室按职责督促整改，巡察办专职督促整改。市（州）局党组对所属县局巡察整改负有领导责任和监督责任	结合巡察规划，稳步推进全覆盖。2018年集中巡察了直属单位，2019年开始直接负责对县局的巡察，并对3个市局探索开展了"回头看"

甘肃省气象局党组于 2018 年 7 月成立巡察工作领导小组，设立巡察办，按照政治巡察的要求，稳步推进全省气象部门巡察全覆盖

管理体制机制
不断健全

　　甘肃省气象局（中国气象局西北区域气象中心），隶属中国气象局和甘肃省人民政府双重领导，是甘肃省人民政府管理气象工作的主管部门，行使同级人民政府管理气象工作的行政职能，并对本行政区域内的气象工作实施行业管理。同时承担着西北4省区（陕、甘、宁、青）气象业务技术指导任务，负责管理全省各市（州、地）气象局及其所属气象台站的业务、服务、科研等工作。在地方党委、政府和中国气象局的共同关心支持下，全省气象现代化水平显著提升。

▶ 注重政府主导，气象现代化水平大幅提升

　　2014年8月25日，甘肃省人民政府印发《关于加快推进气象现代化的意见》；9月，甘肃省人民政府办公厅发文，成立由副省长王玺玉担任组长的甘肃省推进气象现代化建设领导小组。全省14个市（州）政府均成立了推进气象现代化领导机构，并出台推进气象现代化建设指导性意见。

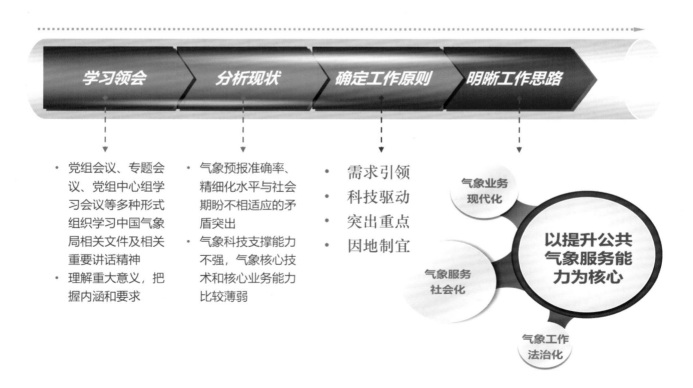

　　在学习调研分析的基础上，研究确定了甘肃省气象现代化"需求牵引、科技驱动、突出重点、因地制宜"的工作原则和"以提升气象服务能力为核心"的工作思路

在推进气象现代化过程中，坚持每年评估，找准短板，明确责任分工，精准发力。在 2015 年全国省级气象部门综合评估中，甘肃得分 80.98，位列第 24 位；2016 年得分 92.24，位列第 13 位；2017 年甘肃得分 95.6，位列西北五省（区）第 1 位，全国第 5 位；2018 年得分 98.07 分，位列第 3 位

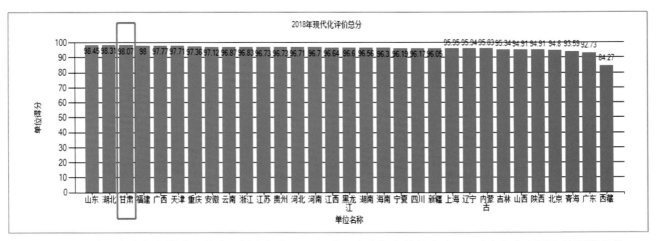

在 2018 年全国省级气象部门综合评估中，甘肃得分 98.07 分，在参加考核的省（区、市）气象部门中位列第 3 位

甘肃省人民政府办公厅印发《甘肃省"十三五"气象事业发展规划》，明确了五项重点发展任务

《甘肃省"十三五"气象事业发展规划》确定了四项重点工程

▶ 坚持分类施策，深化气象改革稳步推进

　　坚持在贯彻落实国家重大部署中推进重点领域改革，以解决制约气象事业发展的体制机制和制度建设为主线，以推进气象业务技术体制重点改革为抓手，重点做好关键性、全局性、先导性改革任务落实，推动气象业务服务和管理体制机制向更加成熟更加定型靠拢，进一步激发气象事业发展的活力和动力，发挥气象防灾减灾第一道防线作用，为实现气象事业高质量发展奠定良好基础。

制定甘肃省气象局党组关于《贯彻中国气象局党组关于全面深化气象改革的意见的实施方案》，从"认真谋划加强领导、广泛调研明确思路、明确任务重点推进"三方面确定全面深化气象改革工作思路并组织实施

◆ **形成"六建立、六强化"的防雷安全监管工作机制**
- 建立立法协调机制，强化防雷法制建设
- 建立行政审批规范，强化事前审批工作
- 建立联合执法机制，强化查处违法行为
- 建立联合检查机制，强化事中事后监管
- 建立联合宣传机制，强化社会防雷意识
- 建立联合培训机制，强化防雷安全教育

甘肃省人民政府印发《关于优化建设工程防雷许可的实施意见》。全省14个市（州）政府印发了贯彻国务院和省政府关于优化建设工程防雷许可的文件，将防雷安全工作纳入安全生产责任制和地方政府考核评价指标体系。2016年形成"六建立六强化"防雷监管机制

有力推进综合气象观测业务装备分级分类保障改革，实现了气象观测装备保障维修从省级"一肩挑"向省、市、县（台站）三级"各司其职、各有所长"转变

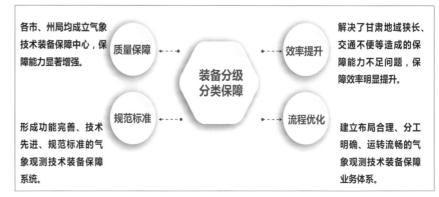

紧盯数值预报模式对关键业务技术支撑能力提升，推动气象预报预测业务体制改革

针对市场变化和服务需求，研究制定推动专业气象服务转型升级、提质增效工作思路和举措，为甘肃省气象事业发展提供坚强保障

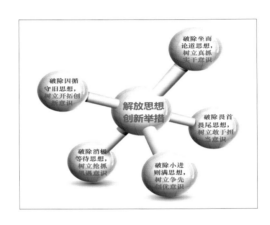

探索形成"五破五立"工作思路，推动气象业务体制改革创新发展

探索构建防雷安全监管"12345"长效联动机制，推进防雷政、事、企分离，实现防雷事业单位与防雷企业的"五分离"。与甘肃省公安厅联合发文，组织开展全省防雷消防安全检查。督促指导全省气象部门制定易燃易爆等重点场所防雷安全重点单位监管清单，并在全国防雷综合监管平台上传，全省共上传 800 多家

提高数据质量
进一步增强了县级综合业务能力、提高了业务运行保障能力、提升了观测数据质量。

提高观测效率
观测业务从观测数据获取向运行保障、质量控制、资料分析方向转型，从基层向省级综合集约。

示范作用
为我省2018扩大无人值守范围提供现实依据和技术支撑。

推动县级岗位综合化
解决了台站人员紧张、职工上班难等问题，推动县级岗位综合化发展。

2017 年制定工作方案，开展地面气象观测业务无人值守改革试点，成果明显

行政审批制度改革扎实推进，省、市、县气象部门进驻政府政务大厅，全面梳理甘肃省气象局权责清单，在甘肃政务服务网对外公布，规范制定办事指南

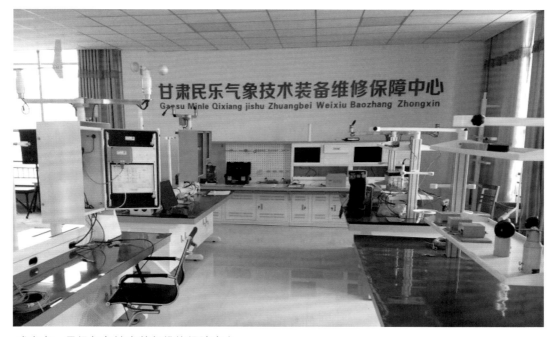

成立市、县级气象技术装备维修保障中心

加强培训，提升市、县气象技术装备维修保障能力

气象法治化工作进一步加强

　　甘肃省气象部门认真贯彻执行《中华人民共和国气象法》等法律法规，不断完善气象法规体系，加强法制队伍建设，建立健全相关配套规章制度，重视法制宣传，履行社会管理职责，成立法律顾问办公室，为甘肃气象事业科学发展保驾护航。

　　截至 2019 年 9 月，甘肃省人民政府颁布实施气象类法规 2 部、政府规章 2 部，制定地方标准 36 项、行业标准 2 项。全省气象部门建成 81 个行政执法主体，有专（兼）职行政执法人员 365 人，行政执法监督人员 34 人，全部实现了持证上岗。

▶ 立法与普法相结合，气象法规体系进一步健全

　　充分发挥气象立法的引领和推动作用，按照甘肃省气象事业发展需求，积极推进地方气象立法进程，完善地方气象法规体系。弘扬社会主义法治精神，建设法治部门，强化气象法治宣传教育，全力营造全民遵守气象法律法规的良好氛围。

甘肃省气象条例　　甘肃省人工影响天气管理办法　　甘肃省气象灾害防御条例　　甘肃省气象灾害风险评估管理办法

1999 年开始，陆续出台实施《甘肃省气象条例》《甘肃省人工影响天气管理办法》《甘肃省气象灾害防御条例》《甘肃省气象灾害风险评估管理办法》等法规

甘肃省委副书记欧阳坚（前左二）带队检查验收甘肃省气象局"六五"普法工作，指出"六五"普法开展以来，省气象局紧紧围绕全省改革发展稳定大局，深入开展以宪法为主的国家基本法律以及与气象工作密切相关的法律法规的宣传和推广，工作力度大，阶段性成果明显

举办"弘扬宪法精神 建设法治气象"专题讲座和远程培训，加强部门法治建设，引导干部职工尊崇宪法、学习宪法、遵守宪法、维护宪法、运用宪法

2009年10月，甘肃省人大常委会检查组到酒泉市检查《甘肃省气象灾害防御条例》执行情况

2015年4月24日，甘肃省人民政府法制办公室和省气象局共同组织省发改委、水利厅等11个厅（局）召开座谈会，推进《甘肃省气象灾害风险评估管理办法》施行

全省气象部门利用新媒体宣传贯彻《甘肃省气象灾害风险评估管理办法》

▶ **教育与管理相结合，气象依法行政能力进一步提升**

　　健全依法决策机制，全面落实法律顾问制度。切实增强领导干部法治观念，提高气象法治化管理水平。通过加强人才队伍的教育与培训，加大对法治工作的经费保障和人员配置，进一步提高气象行政执法水平和执法能力。

聘请专业律师担任甘肃省气象局常年法律顾问

创办全省气象部门法治宣传教育刊物
《法制前沿》，增强干部职工法治意识，
提升依法行政能力

组织《中华人民共和国行政许可法》专题讲座。在全省行政执法争先创优活动中，
1个单位获得"全省行政执法先进集体"称号，1名职工被评为"优秀执法人员"

重视行政执法案卷工作，每年都开展全省气象部门行政执法案卷评查

▶ 地标与行标相结合，气象标准体系进一步完善

　　坚持紧贴需求、突出重点、统筹协调的原则，构建适应气象高质量发展的标准体系，加强气象重点领域标准有效供给。完善工作机制，优化标准化工作流程，强化标准实施，不断提高气象标准的使用率和影响力。

制定《甘肃省气象干旱等级》《酒泉市风电场风能等级划分》《当归农业气象人工观测方法》《风电场风速预报检验方法》《黑膜全覆盖双垄侧播马铃薯农业气象人工观测方法》《河东地区春玉米干旱灾害等级》和《重大建设项目气象灾害风险评估技术规范》等 36 项地方标准

制定《生态气象术语》和《气象信息服务投诉处理规范》2 项行业标准

气象开放与合作
硕果累累篇

　　甘肃省气象局贯彻落实"需求牵引，服务引领"的理念，积极探索"开放合作、融入发展"举措，围绕气象现代化建设、气象防灾减灾、公共气象服务、气象科技创新等，不断深化合作开放，取得显著成效。

省部合作
再上台阶

2010年12月8日，甘肃省人民政府与中国气象局在兰州签署省部合作协议，双方在建设完善综合观测系统、建设完善预报预测系统、建设完善公共气象服务系统、加强气象为农服务能力建设、建设甘肃祁连山人工增雨（雪）体系工程、加强藏区基层气象台站和艰苦气象台站的基础设施建设和配套能力建设等六方面深化合作，共同推动甘肃气象灾害监测预警能力、现代农业气象服务能力和农村气象灾害防御能力提升

2015年4月22日，中国气象局局长郑国光（右4）与甘肃省副省长王玺玉（左4）在北京出席甘肃省人民政府和中国气象局省部合作第二次联席会议，并就共同推进甘肃气象防灾减灾与气象现代化进行深入协商并达成共识

2017年9月19日，甘肃省省长唐仁健（右1）在兰州会见中国气象局副局长矫梅燕（右2），双方就进一步发展甘肃气象事业进行探讨

2018年10月25日，甘肃省委书记林铎（右）会见来兰出席甘肃省人民政府和中国气象局省部合作第三次联席会议的中国气象局局长刘雅鸣（左）。林铎指出，气象事业是一项造福百姓的事业，气象服务是经济社会发展的重要保障。自省部合作协议签署以来，双方密切互动、深入合作，使甘肃气象事业得到极大发展。双方就进一步加强省部合作、提升甘肃气象防灾减灾能力、推进气象现代化建设、保障生态文明建设等方面进行会谈

2018年10月25日，甘肃省人民政府和中国气象局在兰州召开省部合作联席会议，共同推进甘肃气象防灾减灾、气象为农服务、生态文明建设气象保障以及气象现代化建设。中国气象局局长刘雅鸣、甘肃省副省长常正国出席会议

局校合作
实现双赢

2008 年 8 月 21 日，中国工程院院士李泽椿应邀到甘肃省气象局做题为《提高天气预报准确率与风能资源评估之见解》的学术报告

2011 年 5 月 25 日，中国工程院院士徐祥德受邀到甘肃省气象局做专题讲座

2012 年 9 月 17 日，甘肃省气象局与南京信息工程大学联合举办的非气象类专业毕业生气象专业知识培训班开班

2013 年 6 月 6 日，中国气象局兰州干旱气象研究所与兰州资源环境职业技术学院共建"气象技术协同创新中心"揭牌暨合作签字仪式。双方本着优势互补、资源共享、共谋发展的原则，进一步加强人才培养、科技创新和成果转化力度

2014 年 9 月 12 日，中国气象局兰州干旱气象研究所与中国气象科学研究院灾害天气国家重点实验室签署科技合作备忘录，进一步实施青藏高原第三次科学试验大型科学研究计划，推动中国干旱气象科学试验研究，促进双方优势互补、互惠互利、协同创新、共同发展

2015 年 4 月 21 日，中国工程院院士、华中科技大学教授潘垣（左 1）到甘肃省气象局指导，对甘肃省气象部门在干旱气象研究和科技成果转化等方面取得的成效给予充分肯定

2015 年 7 月 31 日，中国科学院院士李崇银（右 2）应邀到甘肃省气象局指导工作，并做题为《年代际气候变化的可能机制》的学术报告

2015 年 9 月 18 日，中国科学院院士穆穆（前左 2）到甘肃省气象局指导气候业务和研究工作

2016 年 8 月 29 日，甘肃省气象局和兰州资源环境职业技术学院深化合作，完善院校合作办学机制，以提高培训质量和效益为目标，不断提升培训核心能力，着力推进课程体系建设、师资队伍建设、培训规范化建设，共建中国气象局气象干部培训学院甘肃分院

2018 年 10 月 24 日，甘肃省气象局与兰州大学研讨推进兰州大气科学研发中心建设、气象核心技术攻关、高层次人才培养及资料共享等合作

2019 年，甘肃省气象局与兰州资源环境职业技术学院联合筹建的虚拟仿真工作室正式建成，气象专业人才培养的现代化教学水平进一步提高

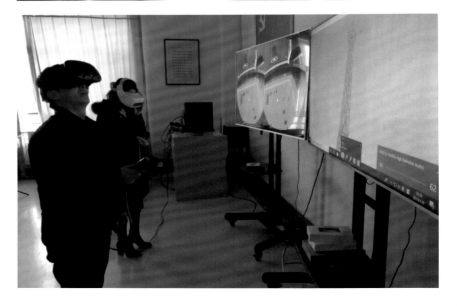

部门合作
日益广泛

2011 年 11 月 22 日，甘肃省人民政府应急办和省气象局共同推进"国家突发公共事件预警信息发布系统"建设

2013 年 12 月 25 日，甘肃省气象局和甘肃省民政厅签署《关于深化气象防灾减灾工作的合作协议》，共同推进甘肃气象防灾减灾救灾能力建设

2011—2012 年，甘肃省气象局先后与甘肃省军区司令部、省水利厅、省测绘局、省国土资源厅签订协议，就气象信息资源共享、加快气象现代化建设开展合作

2015 年 7 月 22 日，甘肃省气象局与人保财险甘肃省分公司签署联合防灾减损战略合作协议，深入贯彻落实国务院和省委省政府关于加快现代保险服务业发展的决策部署，强化气象与保险部门合作，进一步提升甘肃省气象灾害风险规避能力和保险防范化解灾害水平

2015 年 8 月 26 日，甘肃省气象局与民航甘肃空管分局签订战略合作协议，进一步深化气象、民航两部门合作，不断提升航空气象保障能力

2018 年 5 月 9 日，甘肃省气象局与中国电信甘肃分公司签署"智慧气象"战略合作协议，共同推进甘肃气象专网与互联网宽带建设、基于天翼云的互联互通数据共享平台建设，利用"甘肃爱城市"和"智慧旅游"等手机客户端，探索"位置＋监测预警"气象服务新模式

2018年8月13日，甘肃省气象局与兰州空军航基处就航空气象保障关注的不同层次的云、风、湿度等气象要素预报开展合作交流

2018年11月11日，兰州中心气象台与酒泉卫星发射中心技术部签署合作框架协议，共同提高航天气象保障能力，深化军民融合发展战略

2018年12月28日，甘肃省气象局与中国移动甘肃公司签署战略合作协议，共同建立高水平、高层次、高融合的政企战略合作机制，推进"智慧气象"与"智慧城市"深度融合，在气象信息化基础设施建设、气象防灾减灾、生态文明建设等方面开展全面合作

2019年1月14日，甘肃省气象局与甘肃省生态环境厅签署合作协议，在数据共享、联合会商、协同响应、信息发布、科研攻关等方面深化合作

2019年1月17日，甘肃省气象局与中国电信甘肃分公司联合启动《基于"天翼云"的气象大数据云平台建设及基于"位置"的智慧气象监测预警服务平台建设（一期）》项目

2019年1月29日，甘肃省应急管理厅厅长郭鹤立（左5）到甘肃省气象局调研，双方围绕全省应急监测系统及自然灾害气象预警预报能力建设进行了深度交流，并签署部门合作协议，强化部门合作在综合防灾减灾中的作用

对外交流
互相提升

1995 年 8 月 13 日，世界气象组织多国别考察团考察定西农业气象试验站

1996 年，中国与哈萨克斯坦沙尘暴研究学术交流会议在兰州召开

2008 年 10 月，世界气象组织代表团访问甘肃省气象局

2010 年 9 月，甘肃省气象局副研究员李刚赴美国波士顿参加四极杆气溶胶质谱仪技术培训

2010 年 9 月 9 日，第三届干旱气候变化与可持续发展国际学术研讨会在兰州召开。同年 5 月 6 日，加拿大莱斯布里奇大学 Karl Staenz 教授一行 3 人在甘肃省气象局进行考察交流，重点考察了气候预测、气候变化与影响评估以及气候资源应用等业务科研工作开展情况

2011 年 4 月 14 日，由中国气象局和世界气象组织联合组织的第 40 期多国别考察团到甘肃省气象局交流考察

2011 年 5 月 9 日，德国气象专家参观嘉峪关西部明珠气象塔，并就嘉峪关的气候变化与气候特点开展交流

2011 年 6 月 30 日，由亚洲、非洲、大洋洲等 18 个发展中国家气象行政官员组成的考察团来甘肃省气象部门考察为农气象服务工作

2013 年 3 月 13，由世界气象组织主办的"极地观测、研究与服务"专家组（EC-PORS）第四次会议在兰州召开，包括世界气象组织主席、加拿大气象局局长 David Grimes 博士在内的 30 多位中外专家参加了会议

2013 年 5 月 21 日，悉尼科技大学 Alfredo Huete 教授、Derek Eamus 教授、于强教授和澳大利亚科工组织张橹博士受邀到中国气象局兰州干旱气象研究所交流访问并做学术报告

2014 年 8 月，甘肃省气象局李耀辉研究员（中）在美国国家气象局执行中美大气科技合作联合工作组第十八次会议纪要项目"国际干旱平台"的有关活动

2015 年 7 月 20 日，由中国气象局主办，国家外国专家局协办，国家气候中心、兰州大学大气科学学院和甘肃省气象局联合承办的"第十二届气候系统与气候变化国际讲习班"在兰州开班

2016 年 4 月，兰州区域气候中心韩兰英博士在维也纳参加欧洲地学联盟（EGU）年会

2016 年 7 月，第十届干旱气候变化与减灾学术研讨会暨干旱监测、预警与模式发展中美研讨会在兰州举行

2017 年 4 月，甘肃省气象局副研究员张宇在奥地利维也纳参加欧洲地学联盟年会

2017 年 6 月，第十一届干旱气候变化与减灾学术研讨会暨中英干旱与区域水循环学术研讨会在兰州举行

2017 年 12 月，甘肃省气象局研究员赵建华在美国犹他大学学习交流

2018 年 9 月，甘肃省气象局研究员王小平作为国家留学基金委西部项目访问学者在美国乔治梅森大学访问学习

2018 年 9 月，甘肃省气象局研究员郭铌参加在德国柏林召开的 2018 年国际光学工程学会遥感专题学术会议（SPIE Remote Sensing 2018）并做学术报告

2019 年 6 月，甘肃省气象局博士张铁军（左 1）、颜鹏程（左 2）在丹麦哥本哈根参加第 6 届能源与气象国际会议

2019 年 9 月，甘肃省气象局任余龙博士在丹麦参加欧洲气象年会期间与外国专家交流

2019 年 9 月，兰州区域气候中心正研级高级工程师马鹏里（四排右二）在英国爱丁堡参加第六届"气候科学面向服务伙伴关系"计划（CSSP）年度研讨会

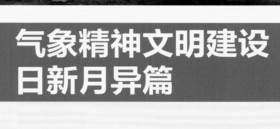

气象精神文明建设
日新月异篇

　　甘肃气象事业的发展历程构筑了甘肃气象文化坚实的基础，陇原气象人兢兢业业不怕吃苦的敬业奉献精神，孕育了良好的气象文化氛围。全省气象部门文明创建活动蓬勃开展，共建成各级文明单位 84 个，覆盖 100% 的台站，其中国家级文明单位 2 个，占比 2.4%；省级文明单位 34 个，占比 40.5%；市（州）级文明单位 45 个，占比 53.6%；县级文明单位 3 个，占比 3.6%。开展"星级气象台站"创建，建成一星级气象台站 23 个，二星级气象台站 37 个，三星级气象台站 6 个，四星级气象台站 1 个，五星级气象台站 1 个。2019 年，甘肃省气象局组织实施文明单位升级工程，整体提升全省气象部门文明单位的创建水平。

文明创建
硕果累累

1995年11月，中国气象局副局长李黄（左2）参观甘肃省气象局职工书画收藏品展览

1999年5月，甘肃省气象局首批8个"文明服务示范单位"授牌

2000年，甘肃省气象局组织晋升市级文明单位验收

2003 年 9 月，中国气象局局长秦大河（左 2）参观甘肃省气象局文化展

2005 年，甘南州气象局获评国家级文明单位

2017 年 2 月，天水市气象局通过省级文明单位复查。截至 2019 年底，全省气象部门共建成省级文明单位 32 个，市级文明单位 50 个

2009 年定西市气象局获评国家级文明单位

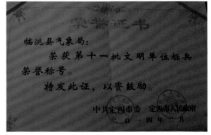

2014 年 2 月，定西市临洮县气象局荣获市级文明单位标兵称号。截至 2019 年底，全省气象部门共建成省、市级文明单位标兵 8 个

2019 年，召开全省气象部门文明单位升级工程动员大会

文艺活动
丰富多彩

1996年11月，全省气象工作会议期间举办文艺演出

1990年，举行全省气象系统"让生命之树在台站常绿"主题演讲比赛

1994 年 5 月，甘肃省气象局举办劳模事迹报告会

1994 年 9 月，举办全省气象部门"祖国在我心中"文艺演唱会

1995 年国庆前夕，甘肃省气象局举行升国旗仪式

1996 年 11 月，全省气象部门双文明
先进代表陈晓梅介绍经验

1999 年 9 月，甘肃省气象局举办庆
国庆 50 周年"祖国颂歌咏比赛"

2011 年 6 月，甘肃省气象局举办纪
念建党 90 周年红歌演唱大赛

2018 年 1 月，甘肃省气象局组织"不忘初心、牢记使命"文艺汇演，党组书记、局长鲍文中致辞

2008 年 10 月，甘肃省气象部门组织以"庆国庆、颂改革、促发展"为主题的纪念改革开放 30 周年文艺汇演

2019 年 9 月，甘肃省气象部门庆祝中华人民共和国成立 70 周年文艺汇演隆重举行

2019 年 9 月，甘肃省气象局举行"庆祝中华人民共和国成立 70 周年"纪念章颁发仪式

体育活动
激发飒爽英姿

1988 年 9 月，甘肃省气象局承办西北五省（区）气象系统乒乓球赛

1988 年 10 月，举办全省气象系统"彩虹杯"篮球赛

1996 年 5 月 6 日，甘肃省气象局举办第七届广播体操比赛

每年组织开展排球比赛

每年组织羽毛球比赛，提升干部职工身体素质

每年春节或重阳节，组织离退休干部趣味运动会

志愿服务
增进为民热情

2018 年 3 月，甘肃省气象局开展学雷锋志愿服务活动

2019 年 3 月，组织党员、团员志愿者开展学雷锋关爱孤寡老人服务活动

2019 年 9 月，组织 20 余名党员、团员志愿者赴定西市渭源县峪岭村，深入贫苦户家庭开展志愿服务，帮助贫困群众改善精神面貌和家庭环境卫生，感召贫困户脱贫的决心和信心，进一步锤炼和弘扬甘肃省气象局干部青年 " 奉献、友爱、互助、进步 " 的志愿者精神

气象精神
代代相传

一九五五年于甘肃兰州

1955 年，气象业务人员在兰州市城关区东稍门气象台院内合影

20 世纪 50 年代初部队转业到气象部门的职工

1956 年，气象业务人员开展"发扬艰苦奋斗，献身气象事业"活动

1982年，兰州中心气象台陈敏连工程师为临夏州气象局预报人员做暴雨预报讲座

1982年，临夏州气象局职工赵金泉为业务人员讲解遥测风速计故障排除方法

定西市通渭县华家岭气象站老职工合影

1985 年，丁好双被授予"为边陲优秀儿女挂奖章"银奖

20 世纪 70 年代，乌鞘岭气象站职工集体学习、工作和训练

20 世纪 70 年代初，武威市乌鞘岭气象站"四朵金花"

21 世纪初，定西市通渭县华家岭气象站"五朵金花"

20 世纪 90 年代，武威市民勤县气象局职工在观测站合影

基层台站旧貌换新颜篇

在中国气象局和地方政府的关心支持下，甘肃省基层气象台站建设的投入力度不断加大，尤其党的十八大以来，基层气象台站面貌发生了巨大的变化，职工工作生活条件得到明显改善，业务用房完备率达到83%，现代化达标率为92%。所有台站的配套设施基本满足业务工作需求，大部分基层台站成为功能齐全、设施完备、环境优美、工作舒适的新台站，不断满足基层台站服务当地经济社会发展的需要。

艰苦台站面貌
发生翻天覆地变化

甘南州玛曲县国家基本气象站旧貌

甘南州玛曲县国家基本气象站新貌

酒泉市马鬃山国家基准气候站旧宿舍

酒泉市马鬃山国家基准气候站新住宿楼

20 世纪 70 年代定西市华家岭气象站观测场

2019 年定西市华家岭气象站观测场

20 世纪 70 年代武威市乌鞘岭气象站观测场

2019 年武威市乌鞘岭气象站

各级气象台站
面貌焕然一新

兰州市永登县气象局

嘉峪关市气象局

白银市靖远县气象局观测场

天水市麦积区气象局

酒泉市敦煌气象局

张掖市高台县气象局

武威市民勤县气象局

定西市岷县气象局

陇南市两当县气象局

平凉市气象局

庆阳市气象局

临夏州和政县气象局观测场

甘南州夏河县气象局观测场

百年气象
见证沧桑巨变

2018 年 4 月，甘肃省气象部门共有 17 个气象站被中国气象局认定为首批百年气象站，其中七十五年站认定 4 个，五十年站认定 13 个。这些气象台站长期持续稳定运行，为全省经济社会和气象事业发展提供了有力支撑。

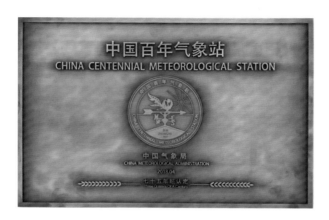

张掖国家基准气候站、崆峒国家基本气象站、乌鞘岭国家基准气候站、民勤国家基准气候站被认定为七十五年站

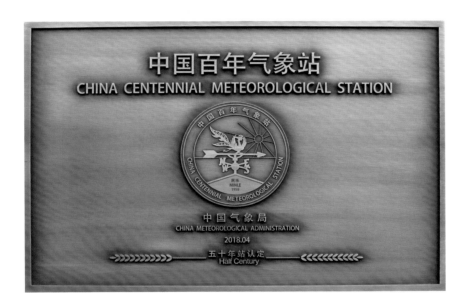

东乡国家气象观测站、康乐国家气象观测站、华家岭国家基本气象站、瓜州国家基本气象站、金塔国家基本气象站、鼎新国家基准气候站、玉门国家基本气象站、华池国家气象观测站、武山国家气象观测站、高台国家基本气象站、民乐国家气象观测站、山丹国家基本气象站、肃南国家气象观测站被认定为五十年站